高等职业教育中西面点工艺专业教材

中式面点
基本功训练

刘居超　王幸幸　于梦晗　主　编

中国轻工业出版社

图书在版编目（CIP）数据

中式面点基本功训练 / 刘居超，王幸幸，于梦晗主编. —北京：中国轻工业出版社，2022.11

高等职业教育中西面点工艺专业教材

ISBN 978-7-5184-4083-2

Ⅰ.①中…　Ⅱ.①刘…②王…③于…　Ⅲ.①面食—制作—中国—高等职业教育—教材　Ⅳ.①TS972.132

中国版本图书馆CIP数据核字（2022）第138323号

责任编辑：方　晓　　　　　责任终审：劳国强　　整体设计：锋尚设计
策划编辑：史祖福　方　晓　　责任校对：吴大朋　　责任监印：张　可

出版发行：中国轻工业出版社（北京东长安街6号，邮编：100740）

印　　刷：艺堂印刷（天津）有限公司

经　　销：各地新华书店

版　　次：2022年11月第1版第1次印刷

开　　本：787×1094　1/16　印张：10.25

字　　数：210千字

书　　号：ISBN 978-7-5184-4083-2　定价：58.00元

邮购电话：010-65241695

发行电话：010-85119835　传真：85113293

网　　址：http://www.chlip.com.cn

Email：club@chlip.com.cn

如发现图书残缺请与我社邮购联系调换

211152J2X101ZBW

近年来，国家对职业教育产教融合、校企合作作出了明确的指示，在"三教"改革中，同样要做到与企业有机融合。2019年1月，国务院颁布了《国家职业教育改革实施方案》（简称"职教20条"）；2021年10月，中办、国办印发了《关于推动现代职业教育高质量发展的意见》（简称"职教22条"）；2022年5月1日起，国家施行新的《中华人民共和国职业教育法》（简称"新职教法"）。"职教20条"指出：校企双元合作开发国家规划教材，倡导使用新型活页式、工作手册式教材并配套开发信息化资源。"职教22条"指出：推进课程思政进教材；企业深度参与职业教育教材开发；引导地方、行业和学校按规定建设地方特色教材、行业适用教材。新职教法指出：将新技术、新工艺、新理念纳入职业学校教材，通过活页式教材等多种方式进行动态更新；推动职业教育信息化建设与融合应用。国家的要求为职业教育教材改革指明了方向，是我们开发教材的重要抓手。

中国餐饮行业属于传统行业，在众多的行业已经逐渐实现工业化、产业化生产的今天，部分面点加工技术由于其自身的特性仍然保留着传统的手工操作的特征，从另一个方面看，这也是中国烹饪博大精深之所在。中式面点基本功是在制作过程中所采用的最基础的技法，是各类面点制作技法的前提，也是保证成品质量的关键，是面点技法的呈现。《中式面点基本功训练》是一部以讲授中式面点面团的调制、揉面、分剂、制皮、上馅、成形和成熟等技法的教材，也是中式面点实训课程的配套教材。编者本着传承不守旧、创新不忘本的编写理念，遵循模块实训导向的教学模式，以实训任务为载体设计实训内容，注重思政元素的融入，并添加信息化元素和学习笔记留白等创新设计，图文并茂，以活页的形式呈现，可随时进行动态更新，使教材的时代性、直观性、实用性、实践性更强。

教材共分为5个模块、20个项目、128个实训任务，以文字、视频、图片相结合的方式对每一个实训任务进行分步骤详细讲解与演示，并附有学习笔记，更方便师生的阅读与理解。

本教材由校企编写团队共同完成，黑龙江旅游职业技术学院教授刘居超担任第一主编，助理讲师王幸幸任第二主编，副教授于梦晗任第三主编；刘侃、周宝宏、刘洁、吴非、刘蕊任副主编；任家常（行业专家）、邸春生（行业专家）、邸元平（山西旅游职业学院）、韩红香（企业专家）、黄佳龙（企业专家）、张虎（北京市工贸技师学院）、杨小萍（宁夏工商职业技术学院）、仇杏梅（宁波市古林职业高级中学）、闫芊彤、孙宇、杨君、邢天丽、丁宁、郭瀚博、姜宇宁参编。最后由杨铭铎（教育部职业教育专家组成员、全国餐饮职业教育教学指导委员会副主任委员、中国烹饪协会特邀副会长、博士生导师）担任本教材的主审。

具体分工如下：刘居超负责编写大纲和总纂定稿，以及模块一和模块四的编写；王幸幸负责教材中基本功技法的演示操作及拍摄工作；于梦晗负责教材中模块二、模块三、模块五的内容编写工作；刘侃、周宝宏、吴非、刘洁、刘蕊、闫芊彤、孙宇负责全书视频、图片的拍摄及视频剪辑工作；黑龙江省龙菜产业协会秘书长任家常为教材内容的编写与设计提出了宝贵的意见和建议；邸春生、邸元平、韩红香、黄佳龙、张虎、杨小萍、仇杏梅、邢天丽、丁宁、杨君、郭瀚博、姜宇宁参与部分操作技法的演示与拍摄工作。资深餐饮教育专家杨铭铎教授对教材的模块及内容设计进行了审核。

本教材可用作高等职业院校餐饮类专业及食品类专业相关课程的配套教材，也适用于非餐饮专业与食品专业的学生，同时还可作为餐饮工作者或者餐饮爱好者的参考书。

本教材的编写得到了行业、企业专家的指导和大力支持，参考了大量的相关资料。特别鸣谢杨铭铎教授对于本书编写给予了关键性指导。

由于编者能力与水平的局限，本书还存在不足之处，敬请各位餐饮职教同人及广大读者批评指正，以便于本书的进一步修订与完善。

编者

2022年6月

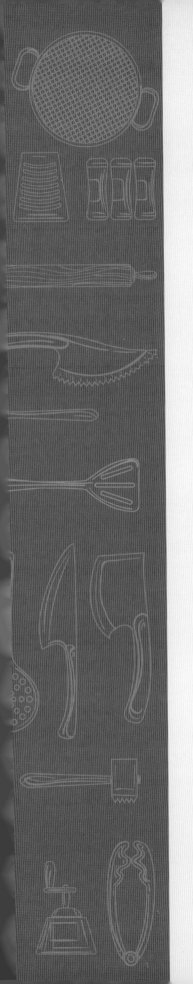

模块一

中式面点基本功概述

知识目标

1. 了解学习中式面点基本功的重要性及作用
2. 掌握中式面点基本功的分类及常用的工器具

能力目标

1. 具有掌握制作中式面点基本工艺流程的能力
2. 具备初步掌握制作中式面点常用工器具的识别能力

素质目标

1. 培养学生追求中式面点专业规范的专业精神
2. 培养学生品质至上和精益求精的工匠精神

项目一　中式面点基本功训练的重要性及作用

项目导读

　　中式面点制作技术复杂多样，面点产品种类花样繁多，经过数千年的演变和改良，其制作如今已形成了一套科学有效的工艺流程。这些工艺流程虽然因地域、气候、风味、风俗等因素的不同而有所差别，但究其根本，仍能找出其共通点，即制作面点的工艺流程大致都包括以下11个环节：准备原料、和面、揉面、搓条、分剂、制皮、制馅、上馅、成形、熟制、装盘。其中基本的技术动作包括和面、揉面、搓条、分剂、制皮、上馅、成形7项手工操作。制成的成品需要达到一定的质量标准，这就要求在制作过程中做到基本技术动作规范、娴熟、符合生产要求，以达到面点制品的大小一致、造型美观规整、馅心与坯皮比例合理等质量要求。

任务　学习中式面点基本功训练的重要性及作用

一、中式面点基本功训练的重要性

1. 面点基本功是最重要的基础操作

　　只有学会了面点基本功，才能进一步学习各种面点制作技术。面点制品虽然多，但大多数品种的基本操作流程基本上是相同的：大多数面点在制作过程中，前期都是和面、揉面；接下来按照所制成品的规格搓条、下剂；对于带馅的品种，则必须制皮、上馅；然后再成形、熟制等。如不能熟练掌握这些基础的操作，则不可能制成完美的成品，因此，熟练的基本功手法是学习各种面点制作技术的前提。

2. 面点基本功直接影响面点成品的质量和工作效率

　　制作面点是离不开每一个操作环节的，如面团软硬程度是否合适、剂子的大小是否均匀、擀皮的厚薄是否符合要求等，都会影响下一道工序的操作和成品的质量要求。因此，需要熟练掌握好每一个基本功技法，才能制作出符合质量标准的成品，并通过反复操作、举一反三、熟能生巧，逐步达到熟练操作的程度，然后学习成品的制作过程，熟练掌握操作技法，从而不断提高成品质量和生产效率，做到精益求精。

3. 面点基本功是基本的技术动作

面点师的基本功主要包括臂力、腕力和动作手法等方面的运用。目前中式面点的制作大部分还是以手工为主，手上的"功夫"如何，与成品质量及生产效率关系很大。

近年来，饮食行业增加了很多面点机械和设备，一部分的手工操作已经由机器来代替，例如和面机的出现代替了手工和面，因此就有人认为像"和面"这样的基本功就没有必要学习了，但实际上这种想法是有偏差的。基本功具有很多的技巧，练到运用自如的熟练程度更是不容易。比如和面的技法，要调制成各种软硬都符合标准的面团，绝非一日之功。虽然一部分机械和面可以代替繁重的体力劳动，但它不能代替所有，比如调制较少的面团或者干油酥面团是不适合利用机器来和面的。

苦学苦练基本功，在目前情况下，仍然是面点师的首要任务，通过训练，要熟练掌握臂力、腕力和各种动作的灵活手法，还要熟练掌握各种面点工器具的性能和用法；还要灵活掌握正确的和面、揉面、搓条、分剂、制皮、上馅等动作的姿势要领，以减轻劳动强度，提高劳动效率。

二、中式面点基本功训练的作用

中式面点制作的主要基本功包括：和面、揉面、搓条、分剂、制皮、上馅、成形7项手工操作。制作面点的一般工艺流程大致如下：

准备主辅料→和面→揉面→搓条→制皮→成形→成熟

↑

制馅→上馅

从上面的工艺流程中可以看出，基本功占了很大一部分。就其对制作面点的主要作用而言，基本功主要可分为以下三大部分：

1. 调制面团

通过和面、揉面两项基础操作，可调制出均匀、柔软、滑润，适合各类制品需要的面团。由于各类面团性质不一、要求不同，因而要运用不同的动作，以发挥不同的作用。如冷水面团要求劲大、韧性强，在和面、揉面过程中，有的要捣，有的要擤，有的要摔，还要反复揉搓，才能使面团吃水均匀，光滑柔润，特别是调制大量面团时，手的力量不够，还要借用竹杠、木杠或机械来压实均匀，才能更好地把面团的筋性揉出来。而混酥面团调制则相反，在调制过程中，只能采用叠制的手法快速使主辅料混合均匀，而不能用揉面的手法，防止面团产生筋性，失掉酥松的特点。

再如膨松面团的酵面，和面后揉制时不能用劲过大，揉匀揉透即可，后期如果需要再加碱水时要用擤的动作，才能保证碱水均匀，行业称之为"擤碱"。如油条面团，其要求既要膨松，又要有劲，和面后必须反复捣、擤、折叠、静置、醒面，才能达到要求。

又如干油酥面团，因面粉中掺入的是油脂，油脂不如水渗透快，而且还是固态油脂，调制面团时必须用手掌根搓擦的方法，而不能用揉的方法调制，否则，面粉与油脂就不能很好地结合成团，此技法习惯称之为"擦酥"。而用水、油、面粉调制面团时，必须要用揉的方法而不能用擦的动作，这样才能使其更好地结合成团。

总之，不同种类的面团，要运用不同的技术动作，才能呈现相应的效果。

2. 成形准备工作

基本功中的搓条、分剂、制皮、上馅等技法都是为面点制品成形创造良好的条件。前期的工序完成，即进入成品的成形阶段。这些技法环环相扣、相互联系、互有影响，任何一个环节做不好，都会影响下一道工序的质量，甚至影响整个成品的质量。当然，有些面点品种是不需要运用全部基本功来操作的：如抻面，在调制好面团后，就可直接溜条和出条；再如刀削面，也是直接用刀来削和好的面团即成为面条；春卷皮则是将调好的稀软面团在热饼铛上摊皮等。

由于大多数面点制作，都需要经过这些流程，虽然手法和具体要求并不相同，但基本技术要领大体是相同的。

3. 成形技法

面点成品的形态多种多样，无论哪一种形态，都需要通过成形工序来完成和体现，因此，成形是体现面点形式、赋予面点灵魂的关键，是使面点具有艺术性的根本。若是制作带馅面点也需要在这一工序中完成，形成制品的风味，最终体现成品的特色。因此，成形技法在整个面点制作工艺中具有重要的意义。

项目二 中式面点基本功训练的常用设备与工具

项目导读

　　在中式面点基本功训练过程中常用到案台、面杖、刮板、模具等设备和工具，借助这些设备和工具来完成不同的制作需求。设备与工具是制作中式面点的重要物质条件，了解其使用性能，对于掌握面点制作技法、提高成品质量和工作效率均具有重要意义。

任务1 掌握中式面点基本功训练的常用设备及工具

一、设备

（一）案台

　　案台是制作面点、切菜时使用的台子，主要有木质、不锈钢和大理石材质的台面，下面通常是不锈钢支架。在进行中式面点基本功训练时，通常用木质案台（图1-1）和不锈钢案台（图1-2）。

图1-1　木质案台　　　　　　　　图1-2　不锈钢案台

（二）加热成熟设备

　　加热成熟设备中常用到蒸汽柜（图1-3）、多功能蒸煮灶（图1-4）、远红外线烘烤炉（图1-5）、风热型烘烤炉（图1-6）、电饼铛（图1-7）、

图1-3　蒸汽柜

图1-4　多功能蒸煮灶

图1-5　远红外线烘烤炉

图1-6　风热型烘烤炉

图1-7　电饼铛

图1-8　电磁炉

图1-9　微波炉

电磁炉（图1-8）、微波炉（图1-9）等。以上设备通过不同的传热方式可使不同的面点生坯加热成熟，以达到制品对熟制的要求。

二、工具

制作中式面点的主要工具常分为以下几类：

（一）和面工具

和面工具主要有塑料刮刀（图1-10）和不锈钢刮刀（图1-11）。

（二）制皮工具

制皮工具主要有小擀面杖（图1-12）、大擀面杖（图1-13）、单饼杖（图1-14）、橄榄杖（图1-15）、通心槌（图1-16和图1-17）和烧卖槌（图1-18）。

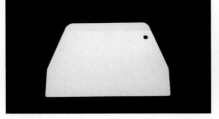

图1-10　塑料刮刀

图1-11　不锈钢刮刀

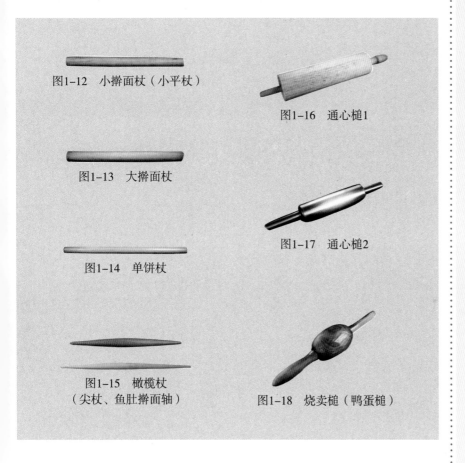

图1-12　小擀面杖（小平杖）

图1-13　大擀面杖

图1-14　单饼杖

图1-15　橄榄杖
（尖杖、鱼肚擀面轴）

图1-16　通心槌1

图1-17　通心槌2

图1-18　烧卖槌（鸭蛋槌）

（三）成形工具

中式面点主要成形模具有印模（图1-19和图1-20）、套模（图1-21和图1-22）、花刀（图1-23）、花杖（图1-24）、花钳（图1-25）、小剪刀（图1-26）、拍皮刀（图1-27）、扁匙（图1-28）、裱花转台（图1-29）、硅胶蛋糕假体（图1-30）、锯齿刀（图1-31）、抹刀（图1-32）、裱花袋（图1-33）、裱花嘴（图1-34）。

（四）其他工具

中式面点制作中常用的工具还有电子秤（图1-35）、筛网（图1-36）、菜刀（图1-37）和片皮刀（图1-38）。

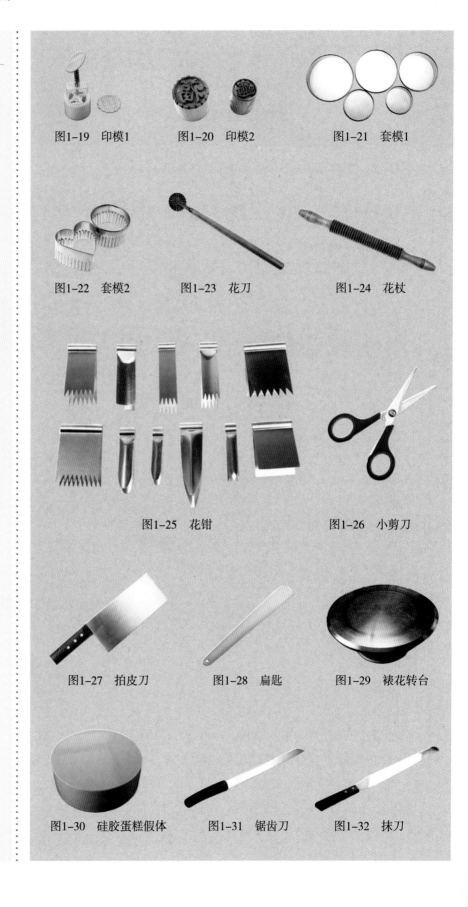

图1-19 印模1   图1-20 印模2   图1-21 套模1

图1-22 套模2   图1-23 花刀   图1-24 花杖

图1-25 花钳   图1-26 小剪刀

图1-27 拍皮刀   图1-28 扁匙   图1-29 裱花转台

图1-30 硅胶蛋糕假体   图1-31 锯齿刀   图1-32 抹刀

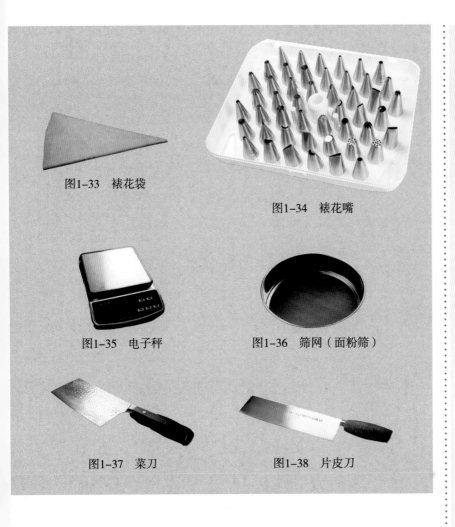

图1-33 裱花袋

图1-34 裱花嘴

图1-35 电子秤

图1-36 筛网（面粉筛）

图1-37 菜刀

图1-38 片皮刀

任务2 熟练掌握中式面点基本功训练常用设备与工具的使用与保养

用于中式面点基本功训练的设备与工具种类较多，其性能、特点和作用各有不同，对其使用与保养方法也都各有不同，单就所用设备工具使用与保养的共性问题提出以下建议：

1. 熟练掌握设备与工具的性能

在选择和使用不同的设备与工具之前，首先要熟练掌握这些设备与工具的性能、特点以及操作规范：在使用设备前，必须先对设备的结构、性能、操作、卫生清理、维护及技术安全等方面进行全面的学习；在选择使用工具前，也必须掌握工具的材质、使用方法、卫生清理及保养等方面的知识与技能。切忌盲目操作，以免发生事故或损坏设备、工具。

2. 编号登记，专人保管

在设备与工具的使用过程中，应对其进行分类和编号登记，或设专人负责保管。对于固定位置的设备，应根据室内的整体布局需求及制作面点的不同工艺流程，合理设计安装位置。

3. 保持设备及工具的清洁卫生

设备及工具的清洁卫生直接影响到面点制品的卫生情况，特别是某些先成熟后成形的面点制品，需要用到的一些工具，如某些刀具、模具、裱花嘴等，对其卫生要求则更加严格，因此，保持面点设备及工具的清洁卫生是一项不容忽视的重要工作。

在保持设备与工具清洁卫生方面应做好以下三方面工作：

第一，必须保持设备与工具的清洁，并定时严格消毒。所用的案板、面杖、刮刀等工具，用后必须清理干净；木质工具和烤盘、蒸屉等用后必须清洗，并置于干燥通风处；带有铁质、铜质等的金属设备和器具，必须要经常擦拭，以免生锈。所有的设备及工具，每隔一段时间，就需要用适当的方法进行严格的消毒。

第二，生、熟制品的用具，必须严格分开使用，以免引起交叉污染，危害人体健康。

第三，应建立严格的设备工具专用制度，做到专具专用，避免以下情况的发生：如所用的砧板和刀具生熟食不分等。

4. 注意对设备进行维护和检修

对面点设备的传动部件，如轴承等，应按时添加润滑油；应按电机容量进行使用，严禁超负荷运行；在非工作状态下，应保持设备干爽的状态，并罩上防护罩。使用设备前，必须先检查设备，确认设备是否清洁、无故障，并处于完好的工作状态后再开启使用。另外，还需要定期进行设备的维修，及时更换损坏的机件。

5. 加强安全操作力度

第一，操作设备时，注意力要集中，严禁谈笑操作。使用设备时，不得随便脱岗，在必须脱岗时，应停机切断设备电源。在停电或动力供应中断时，应切断各类开关和阀门，使设备复原，将操作手柄也复原。

第二，不得在设备上堆放工具等杂物，设备周围场地应保持干净整洁。对设备会产生危险的部位，应加盖保护罩或防护网等装置，不得随意摘除。

第三，制定严格的安全责任制度，并认真遵守执行。

模块二

常用面团的调制
技法实训

———— 实训目标 ————

知识目标

1. 悉知面团的相关知识，包括面团形成的原理、面团的作用等知识
2. 熟练掌握调制的不同面团所需要达到的标准

能力目标

1. 通过了解不同面团的特点和操作要点，培养学生独立调制不同面团的能力
2. 具备熟练掌握面团调制技法的能力

素质目标

1. 培养学生对博大精深的中式面点文化的探索精神
2. 培养学生严谨的工作态度及干净整洁的工作作风

在学习面团调制技艺之前，首先需要了解面团的概念、面团的作用及分类。

一、什么是面团

面团是指用粮食的粉料（面粉、米粉、杂粮或其他粉类）掺入适当的水、油、蛋液、奶或糖浆等液体原料及其他辅料，经加工调制形成的用来生产制品的坯料的总称。面团可以是硬实的，也可以是稀软的或呈糊浆状的。

面团调制是制作面点的关键工序和基础条件，面团调制的好坏，对面点的色、香、味、形都有着直接影响。

二、面团形成的原理

各种粮食粉料与辅料能形成面团的原因，一方面是粉料中的蛋白质、淀粉等主要成分有与水、油、蛋液、奶或糖浆等液态辅料结合在一起的条件；另一方面是调制方法起了很大作用。如干油酥面团，它的成团是通过"擦"的调制方法，扩大了油脂与面粉颗粒的接触面，利用油脂对面粉颗粒的表面吸附作用而成团；而冷水面团则是通过"揉、搓、压、捽"等调制方法，使面粉与水结合形成面筋网络而成团。

根据所用原料、调制方法和用途的不同，可以形成水调面团、膨松面团、油酥面团等。虽然面团的种类很多，但面团形成的原理主要包括以下四种：

（1）蛋白质的溶胀作用，如冷水面团；

（2）淀粉的糊化作用，如热水面团；

（3）油脂的吸附作用，如干油酥面团；

（4）粘结作用，如蛋调面团等。

三、面团的作用

一般来说，面团的作用主要包括以下两点：

1. 便于面点成形

面团的特性将直接影响着面点的成形，如面团具有的一定的韧性、延伸性、可塑性等会直接决定成品的特性。例如，制作苏式船点，面团没有很好的可塑性就无法形成多姿多彩的造型；又如小笼汤包，面团没有一定的延伸性，就无法形成薄皮，没有一定的韧性就无法兜住汤汁。因此，调制的面团对于面点成形有着重要作用。

2. 形成制品的特色

面团是实现成品质地（如筋道、软糯、松软、酥脆等）的重要因素。例如，刀削面要求吃口爽滑有咬劲，必须采用冷水和面，面团硬实、组织紧密，形成致密的面筋网络；花式蒸饺讲究造型，一般用温水和面，面团可塑性强，口感适中。

学习笔记

项目一　水调面团调制技法

项目导读

　　水调面团就是指将面粉和水直接拌和，不经发酵而形成的组织较为严密的面坯。它是面点生产过程中常用的面团，用水调面团制作的面点十分丰富，根据水温的不同，水调面团可分为冷水面团、温水面团、热水面团三大类。不同的水温，所调制出水调面团的性质也不相同。

项目实训任务

项目任务	实训任务目录	实训任务内容
任务　熟练掌握水调面团调制技法	实训1	调制冷水面团
	实训2	调制温水面团
	实训3	调制热水面团

任务　熟练掌握水调面团调制技法

实训1　调制冷水面团

　　先将面粉倒在案板上（或面缸里），在中间扒一小窝，分次加入适量的冷水，用手慢慢将四周的面粉由里向外调和、抄拌，待形成"葡萄面"后（有的也称为雪花面、麦穗面），再用力揉成团，待揉至面团光滑有筋、质地均匀时，盖上保鲜膜松弛一段时间，让面粉颗粒充分吸收水分，再稍揉搓即可。

技术要点

　　（1）严格控制水温　冷水面团要求劲足，韧性强，拉力大，因此面筋的形成率高。

（2）正确掌握水量　掺水的多少，直接影响着面团的性质，也直接影响着面点的成形，因此水量的多少，要根据具体的品种而定。掺水时，不能一次加足，需采用分次掺水的方法，以保证面团合适的软硬程度。

（3）面团要揉透　面团的面筋直接受揉搓程度的影响，俗话说"揉能上劲"，面团揉得越透，面团的筋力就越强，面筋越能较多地吸收水分，其筋性和延伸性能越好。有些面点品种，不仅需要揉制，而且还需要运用摞、捣、摔等技术，以增强面团的筋力。

（4）要静置醒面　静置醒面的目的在于让调制面团时没有吸足水分的粉粒充分吸足水分，这样可避免面团中夹有小的生粉粒，防止成熟后夹生、粘牙、影响产品外观等，同时粉粒充分吸足水分，更有利于面筋的产生，从而保证冷水面团的特性。醒面时必须盖上保鲜膜，以免风吹后发生结皮现象。

标准要求

面团软硬适中，表面光滑，质地坚实，弹性好，韧性强，筋力大。

适用条件

此面团适用于制作抻面、刀削面、水饺皮、馄饨皮等。

任务准备

面团：面粉300g，冷水150g。

设备工具：案板，刮刀。

实训演示

请扫二维码观看视频

📎知识链接：饺子文化

"每年初一，无论贫富贵贱，皆以白面做饺食之，谓之煮饽饽，举国皆然，无不同也。富贵之家，暗以金银小锞藏之饽饽中，以卜顺利，家人食得者，则终岁大吉。"这说明新春佳节人们吃饺子，寓意吉利，以示辞旧迎新。徐珂在《清稗类钞》中说："中有馅，或谓之粉角——而蒸食煎食皆可，以水煮之而有汤叫作水饺。"千百年来，饺子作为贺岁食品，受到人们喜爱，相沿成习，流传至今。

饺子原名"娇耳"，饺子馅主要分肉馅和素馅。相传是我国医圣张仲景首先发明的，用来治疗冻烂的耳朵。

东汉末年，各地灾害严重，很多人身患疾病。南阳有位名医叫张机，字仲景，自幼苦学医书，博采众长，成为中医学的奠基人。张仲景不仅医术高明，什么疑难杂症都能手到病除，而且医德高尚，无论穷人和富人，他都认真施治，挽救了无数的性命。

张仲景在长沙为官时，常为百姓除疾医病。有一年当地瘟疫盛行，他在衙门口垒起大锅，舍药救人，深得长沙人民的爱戴。张仲景从长沙告老还乡后，走到家乡白河岸边，见很多穷苦百姓忍饥受寒，耳朵都冻烂了，他心里非常难受，决心救治他们。他仿照在长沙的办法，让弟子在南阳东关的一块空地上搭起医棚，架起大锅，在冬至那天开张，向穷人舍药治伤。

张仲景的药名叫"祛寒娇耳汤"，其做法是用羊肉、辣椒和一些祛寒药材在锅里煮熬，煮好后再把这些东西捞出来切碎，用面皮包成耳朵状的"娇耳"，下锅煮熟后分给乞药的病人。每人两只娇耳，一碗汤。人们吃下祛寒汤后浑身发热，血液通畅，两耳变暖。吃了一段时间，病人的烂耳朵就好了。

张仲景舍药一直持续到大年三十。大年初一，人们庆祝新年，也庆祝烂耳康复，就仿娇耳的样子做过年的食物，并在初一早上吃，人们称这种食物为"饺耳""饺子"或扁食。以后的冬至和年初一，便成为纪念张仲景开棚舍药和治愈病人的日子。张仲景"祛寒娇耳汤"的故事在民间广为流传。

 调制温水面团

温水面团的调制方法和冷水面团的调制方法基本相同，只是用水的温度高一些，但水温不能超过60℃；也可以先将一部分的面粉用沸水烫制，再将另一部分面粉调制成冷水面团，然后再合二为一，揉制成坯。

技术要点

（1）**灵活掌握水温** 温度将影响面筋蛋白质的溶胀作用和淀粉的糊化作用，从而影响面团的筋力和可塑性。因此，控制好温水面团的水温，会使面团在以上两种作用下成团，使面团既具有一定的筋力，又具有良好的可塑性。

（2）**水量要准确** 随着水温的升高，淀粉糊化的程度会增加，面粉吸水量增加，反之则减少。因此，面团配方应事先确定，并在操作中准确添加。

（3）**和面动作要快** 掺入温水后需迅速调成面团，将有利于保证水温的准确性，有利于保证面团的性质。

（4）**散尽面团中的热气** 温水面团调制好以后，要将面团摊开，使面团中热气散尽，否则易使热气郁积于面团内部，使淀粉糊化过度，导致面团内部变软发黏，表皮干裂粗糙，严重影响成品质量。

（5）**充分揉面** 温水面团因有淀粉糊化作用，面团颜色相对于冷水面团要暗，可以加入适量猪油并充分揉面，同时要适度醒面，这样将会使面团颜色变得洁白，面点制品也会看起来更美观。

标准要求

面团软硬适中，表面光滑，质地紧密柔软。

适用条件

此面团适用于制作各类蒸饺、家常饼等。

任务准备

面团：面粉300g，热水80g（50～60℃），冷水80g，猪油10g。
设备工具：案板，刮刀。

实训演示

请扫二维码观看视频

实训3　调制热水面团

　　热水面团也称为烫面团，将面粉倒在案板上，用手扒几道沟，将80℃以上的热水均匀浇在上面，用刮刀拌和均匀，成葡萄面，摊开冷却散去热气，再揉和成团，盖上保鲜膜松弛即可。调制烫面时（特别在冬季）动作要迅速、敏捷，这样面粉才能烫匀烫透。

技术要点

　　（1）热水要浇匀　一方面可使面粉中的淀粉均匀吸水膨胀和糊化，产生黏性；另一方面可使蛋白质变性，防止产生筋力，把面粉烫透、烫熟而不夹生粉，否则，制品成熟后，面坯里面会有白茬，表面不光滑，影响制品质量。

　　（2）要散尽热气　把烫热的葡萄面摊开，要将热气散尽、凉透，否则，做出的制品不但会发黏、结皮，而且表面粗糙、容易开裂。

　　（3）掺水量要准确　用热水调制面团，因淀粉糊化时大量吸收水分，所以加水量要稍多些；而且在和面时最好是一次掺水成功，不能在成团后调整，且面团要揉匀揉透后再松弛。

标准要求

　　面团软硬适中，表面光滑，质地黏、柔、糯。

适用条件

　　此面团适用于制作单饼、烫面蒸饺等。

任务准备

　　面团：面粉300g，热水180g（80℃以上），猪油10g。
　　设备工具：案板，刮刀。

实训演示

请扫二维码观看视频

项目二　膨松面团调制技法

项目导读

　　膨松面团是指在调制面团的过程中加入适量的膨松剂或采用特殊的膨胀方法，使面团发生生化反应、化学反应或物理变化，从而改变面团的性质，在面团内部产生大量气体，体积膨大的面团。

　　根据面团内部气体产生的方法不同，膨松面团大致可分为生物膨松面团、化学膨松面团和物理膨松面团。

项目实训任务

项目任务	实训任务目录	实训任务内容
任务　熟练掌握膨松面团调制技法	实训 1	调制生物膨松面团
	实训 2	调制化学膨松面团
	实训 3	调制物理膨松面团

任务　熟练掌握膨松面团调制技法

实训1　调制生物膨松面团

　　生物膨松面团也称为发酵面团，就是在和面时加入酵母或"老面"，和成团后置于适宜的条件下发酵，通过发酵作用，使面团膨松柔软，这种面团就称为生物膨松面团。生物膨松面团具有体积膨大松软、面团内部呈蜂窝状的组织结构、吃口松软、有弹性等特点。

　　生物膨松面团经常使用的生物膨松剂是干酵母，将面粉倒在案板上开窝，窝内加入酵母、少许绵白糖、适量的水（水温30℃左右），将酵母和绵白糖搅匀后，再与面粉混合抄拌均匀成雪花面，再揉成面团，需

学习笔记

充分揉匀、揉透至面团光滑后，盖上保鲜膜静置发酵。

技术要点

（1）严格把握面粉的质量 制作不同的面点品种，对面粉的要求不一样，一般制作包子、馒头、花卷选用中筋面粉，而制作面包则选用高筋面粉。

（2）控制水温和水量 要根据气温、面粉的用量、保温条件、调制方法等因素来控制水温，原则上以面团调制好后，面团内部的温度在26℃左右为宜。制作品种不同，加水量也有差别，要根据具体品种决定加水量。

（3）掌握酵母的用量 酵母用量过少，发酵时间长；酵母用量太多，其繁殖率反而下降。酵母的用量一般占面粉量的1%左右。

（4）面团一定要揉透 揉至面团光滑，否则，成品不膨松，表面不光洁。

（5）如果配方中需加入食盐，尽量避免与酵母直接接触，防止在酵母周围形成较大的渗透压，抑制酵母发酵，可在面团成团后将食盐揉入。

标准要求

面团软硬适中，表面光滑，组织均匀、有弹性。

适用条件

此技法适用于制作包子、馒头、花卷、面包等。

任务准备

面团：面粉300g，水150g，酵母3g，绵糖5g，乳化油5g，玉米粉100g。

设备工具：案板，刮刀。

实训演示

请扫二维码观看视频

知识链接："馒头"的演变过程

据晋人笔记记载，馒头一词出自三国蜀汉诸葛亮之手。当时诸葛亮率军南渡泸水以讨伐孟获。根据当地的习俗，大军渡江之前必须以人头祭祀河神。诸葛亮遂命人以白面裹肉蒸熟，代替人头投入江中。诸葛将其命名为"瞒头"，即欺瞒河神之假头之意（一说命名为"蛮头"，蛮人之头之意）。

晋以后，有一段时间，古人把馒头也称作"饼"。凡以面揉水作剂子，中间有馅的，都叫"饼"。《名义考》：以面蒸而食者曰"蒸饼"，又曰"笼饼"，即今馒头。《集韵》：馒头，饼也。贾公彦以酏食（酏：酒；以酒发酵）为起胶饼，胶即酵也。

唐以后，馒头的形态变小，有称作"玉柱""灌浆"的。《汇苑详注》：玉柱、灌浆，皆馒头之别称也。

至此，馒头的"馒"字一直沿用至今！

实训2　调制化学膨松面团

化学膨松面团是指在面团中加入一种或多种化学膨松剂而调制成的面团。面团利用了化学膨松剂的化学特性，使面团在调制、成形或成熟等过程中产生一定的气体，使熟制的成品具有膨松、酥脆的特点。

一般化学膨松面团的主要用料有油、糖、蛋、粉及化学膨松剂。调制时先将面粉过筛（如选用泡打粉或小苏打则与面粉一同过筛），置于案板上开窝，加入油脂与糖搓擦均匀，至糖溶化，分次加入鸡蛋调和均匀（如选用臭粉为化学膨松剂，则在此时加入），然后用一只手拿刮刀向中间刮面粉，另一只手掌伸平，采用复叠法从上向下压粉料，反复多次压制成团后即可成形。

技术要点

（1）和面时注意手法，面团调制时主要采用叠的手法，主要是避免更多的面筋形成而使制品失去膨松、酥脆的特点。所以，要注意尽量少揉制或者不揉制。

（2）在使用膨松剂时要注意其自身的特点，比如臭粉分解后会产生氨气，如不能完全挥发会使制品无法食用，臭粉本身是结晶颗粒，为了使其在成熟过程中挥发完全，在调制面团时应将其先用水溶解。

（3）严格掌握各种化学膨松剂的用量，如小苏打用量过多会使制品颜色发黄，口味发涩。

（4）调制面团时不宜使用热水，因为化学膨松剂受热会立即分解，一部分二氧化碳或氨气易散失掉，影响制品的膨松效果。

（5）和面时要将面团调制均匀，否则制品成熟后表面会出现黄色斑点，影响起发和口味。

标准要求

面团软硬适中，组织细腻均匀，质地松散、没有筋性。

适用条件

此类面团适用于制作烘烤类、油炸类制品，如甘露酥、桃酥、松酥类饼干、油条等。

任务准备

原料：低筋面粉250g，小苏打2.5g，豆油110g，绵糖90g，鸡蛋1个，臭粉2.5g。

设备工具：案板，刮刀。

实训演示

请扫二维码观看视频

 调制物理膨松面团

物理膨松面团是指利用鲜蛋或油脂作为调搅介质，依靠蛋白的起泡性或油脂的打发性，经高速搅打来打进和保持气体，然后加入面粉等原料调制而成的面团。根据主要用料的不同，物理膨松面团有两种形式：一种是以鸡蛋为主要膨松原料，同其他原料一起高速搅打或经高速搅打后分次加入其他原料调制而成，称为蛋泡面团，其代表品种有清蛋糕、戚风蛋糕等；另一种是以油脂（固态油脂）为主要膨松原料，经高速搅打后加入鸡蛋、面粉等原料调制而成，称为油蛋面团，其代表品种有各种重油蛋糕。

实训3.1　调制蛋泡面团

　　将蛋黄与蛋清分开，先把蛋黄、细砂糖（17g）、植物油、牛奶一同混合搅拌均匀至糖溶化，然后加入过筛的粉料，继续搅拌至光滑无颗粒成为蛋黄面糊；将蛋清、15g细砂糖、柠檬汁一同倒入搅拌缸内，中速搅拌至糖溶化，改为快速搅拌至体积稍膨胀，再加入15g细砂糖继续搅拌至湿性发泡，将剩余的细砂糖全部加入，快速搅拌至中性发泡即为蛋泡糊；取1/3打发的蛋泡糊与蛋黄面糊混合，拌匀后再全部倒入搅拌缸内，与剩余的2/3蛋泡糊完全混合翻拌均匀即可。

技术要点

　　蛋黄面糊要充分搅拌均匀，但不要让面粉产生面筋；打发蛋白的搅拌缸内不能有油脂存在，否则会消泡；加入蛋白中的糖要保证溶化；打发蛋白的程度要控制好；在蛋泡糊与蛋黄面糊混合时要采用快速翻拌的方法，不可过度搅拌使面糊回缩。

标准要求

　　面团组织细腻柔软，内部蜂窝孔洞均匀细腻，呈海绵状。

适用条件

　　此技法适用于制作分蛋打法的蛋糕类，如戚风蛋糕、天使蛋糕等。

任务准备

　　原料：蛋黄3个约50g，细砂糖17g，植物油27g，牛奶33g，低筋面粉55g，玉米淀粉6g，蛋清3个，细砂糖50g，柠檬汁2g。

　　设备工具：案板，厨师机，橡皮刮刀。

实训演示

请扫二维码观看视频

实训3.2　调制油蛋面团

将油脂与细糖混合，用手掌搓搅至糖溶化与油脂融和并充入气体，油脂变为乳白色或淡黄色后开始分次加入鸡蛋，边加入边搅拌，直至完全融合、油蛋糊变白、体积膨胀较大为止，最后加入过筛后的粉料，叠拌均匀。

技术要点

要使油脂、糖与蛋充分混合至油脂体积膨胀后再加入粉料，利用复叠的手法将面团调制均匀，此类面团也可以用除湿机来调制。

标准要求

面团中的糖要充分溶化，面团组织细腻、体积根据制品的需要适当膨胀。

适用条件

此技法适用于制作马芬蛋糕、重油蛋糕等。

任务准备

原料：黄油60g（隔水软化），细砂糖100g，鸡蛋2个，牛奶100g，泡打粉8g，小苏打2g，低筋面粉200g。

设备工具：案板，容器，刮刀。

实训演示

请扫二维码观看视频

项目三　油酥面团调制技法

项目导读

　　油酥面团是指以面粉和油脂为主要原料，再配合一些水、辅料（如鸡蛋、糖、化学膨松剂等）调制而成的面团。其成品具有膨大、酥松、分层、美观等特点。

　　根据其制品的特点不同，油酥面团可以分为单酥面团（单皮类）和层酥面团（也称酥皮类）。

　　单酥面团又分为浆皮面团和混酥面团两类。

　　凡是制品起酥层的都统称为层酥。

项目实训任务

项目任务	实训任务目录	实训任务内容
任务 1　熟练掌握调制单酥面团技法	实训 1	调制浆皮面团
	实训 2	调制混酥面团
任务 2　熟练掌握调制层酥面团技法	实训 1	调制水油皮面团
	实训 2	调制干油酥面团
	实训 3	大包酥技法
	实训 4	小包酥技法
	实训 5	大包酥圆酥技法
	实训 6	大包酥直酥技法
	实训 7	大包酥平酥技法
	实训 8	大包酥剖酥技法

任务1　熟练掌握调制单酥面团技法

实训1　调制浆皮面团

　　浆皮面团又称提浆面团、糖皮面团、糖浆面团，是把糖浆、油脂和其他配料搅拌乳化成乳浊液后加入面粉调制成的面团。

技术要点

糖浆与油脂等配料混合时一定要分次加入,充分搅拌均匀后再加入粉料,用翻叠的手法将面团调制均匀。

标准要求

面团组织细腻柔软,有一定的韧性和良好的可塑性,如此才会使成品外表光洁、花纹清晰、饼皮松软。

适用条件

此技法适用于制作北方提浆月饼、广式月饼、提浆饼干、鸡仔饼等。

任务准备

原料:转化糖浆175g,花生油75g,枧水3.5g,低筋面粉250g。
设备工具:案板,刮刀。

实训演示

请扫二维码观看视频

🔗 知识链接:中华老字号"老鼎丰"

哈尔滨老鼎丰食品有限公司(糕点厂)始建于1911年,是黑龙江省食品行业骨干企业。"老鼎丰"品牌是黑龙江省著名商标,始创于浙江绍兴,至今已有200多年历史,连续两次被认定为中华老字号。目前,糕点已发展形成上千品种,五十余个系列品牌,形成了配方独到、工艺独特,色、香、味、形俱佳,自成一派的"哈式"体系,具有很强的地域代表性。如川酥月饼、蜜制百果月饼等名品,被国家评为"国优";蛋糕、油酥小水果点心、一口酥、开口笑等八种名品，被商业部评为"部优"，另有儿童奶油果脯蛋糕、长白糕、萨其马等六种名品评为"省优"。

徐玉铎是哈尔滨老鼎丰的第三代传人。徐玉铎1932年生于山东招远，1946年起到老鼎丰糕点厂做学徒、工人、指导员、国家级糕点技师，至1972年任厂长，徐玉铎继承和创造了上千个花样名点。他曾受原商业部委派，到日本札幌市进行短期大学讲学，传播中华食品文化。他连续38年被评为黑龙江省、哈尔滨市劳模，连续30年被选为市、区人民代表，被评为高级工程师，被原商业部命名为"月饼大王"。徐玉铎成为哈尔滨饮食行业发展的领头人，也为老鼎丰的发展壮大作出了巨大的贡献。

 实训2　调制混酥面团

混酥面团又称松酥面团，一般由油脂、糖、鸡蛋、乳、化学膨松剂和面粉等原料采用复叠法调制而成的面团。混酥面团多糖、多油脂，少量鸡蛋，一般不加水或加极少量的水，面团较为松散。

技术要点

油、糖、蛋、乳要先充分搅拌乳化，使之形成均匀的乳浊液再加入粉料，采用复叠法将面团调制均匀。

标准要求

面团组织细腻，没有筋性，较松散，无层次，缺乏弹性和韧性，但具有良好的可塑性。

适用条件

此技法适用于制作曲奇、甘露酥、开口笑、大部分的混酥饼干等。

任务准备

原料：色拉油95g，绵糖50g，全蛋液50g，低筋面粉250g。
设备工具：案板，刮刀。

实训演示

请扫二维码观看视频

任务2　熟练掌握调制层酥面团技法

　　层酥面团由性质完全不同的两块面团构成，一块面团称为水油面团（水油面、水面、酵面），主要是以水、油、面粉为原料调制而成的面团，根据制品的要求和用途可添加鸡蛋、牛奶、糖等；另一块面团称为干油酥面团（干油酥、油酥面），是全部用油脂与面粉搓擦而成的面团，没有筋力，酥性良好。水油面与油酥面经包制、相叠起酥，形成层层相隔的组织结构，加热成熟后制品自然分层、体积膨胀、口感酥松。层酥面团制品酥层表现有明酥、暗酥、半暗酥等，其中的明酥又分为圆酥、直酥、平酥、剖酥。

　　起酥又称包酥、开酥，是水油面团包干油酥面团经擀、卷、叠、下剂制成酥层面点皮坯的过程。起酥是制作层酥制品的关键，起酥的好坏，直接影响成品的质量。在具体做法上主要有大包酥和小包酥两种。

 调制水油皮面团

　　水油皮面团的调制方法与冷水面团基本相同，只是在拌粉前，要先将油、水充分搅拌乳化，再用抄拌法将油、水与面粉拌和均匀，充分揉成团。

技术要点

　　在拌粉前一定要首先将油脂、糖、水或蛋、奶等其他液态原料充分混合乳化均匀。

标准要求

　　面团组织细腻、光滑、柔韧。

适用条件

此面团适用于制作层酥类点心时用来包制干油酥后进行开酥流程。

任务准备

原料：中筋面粉500g，油脂80g，水250g。

设备工具：案板，刮刀。

实训演示

请扫二维码观看视频

实训2　调制干油酥面团

干油酥面团的调制采用"擦"的方法，面粉放在案板上，加油拌匀，用一只手掌根一层一层向前推擦，擦完一遍后，再重复操作，直到擦透为止。

技术要点

在操作时一只手拿刮板可随时清理案板，另一只手掌根用力将面粉与油脂搓擦均匀，但不可过度搓擦。

标准要求

面团组织细腻、均匀、松散无筋力。

适用条件

此面团适用于制作层酥类点心时包在水油皮面内，之后进行开酥流程。

任务准备

原料：低筋面粉300g，油脂150g。

设备工具：案板，刮刀。

实训演示

请扫二维码观看视频

实训3 大包酥技法

大包酥又称大酥、大破酥，采用此方法一次可制作十几个甚至几十个剂坯，具有生产量大、速度快、效率高的特点。大包酥的擀制方法有多种，常用的方法是用水油皮面包干油酥面，用面杖擀成长方形薄片，或折叠或卷筒，然后根据品种需要进行下剂，或直接切块成坯。

技术要点

水油面和油酥面要软硬一致；擀酥时用力要均匀，使酥皮厚薄一致；擀酥时干粉应尽量少用；若需要卷筒，则要卷紧；面剂要盖上干净的湿布或保鲜膜，避免风干结皮。

标准要求

酥皮规整、层次清晰均匀，坯皮光滑不破裂。

适用条件

此面团适用于制作产量相对较大、生产速度较快的层酥类点心，如糖酥饼、京八件等。

任务准备

面团：水油皮面团600g，干油酥面团400g。
设备工具：案板，走槌，刮板，厨刀。

实训演示

请扫二维码观看视频

实训4　小包酥技法

小包酥又称小破酥、小酥，此方法一次能制作几个剂子：先将水油面和油酥面按比例下剂，然后用水油面剂包油酥面剂，按扁擀成牛舌形，或折叠或卷圆筒，如此重复2~3次，然后可擀成圆皮包馅即可成形。

技术要点

水油面和油酥面要软硬一致；包酥时要使皮面厚度均匀，擀酥时用力要均匀，使酥皮厚薄一致；擀酥时干粉应尽量少用；若需要卷筒，则要卷紧；面剂要盖上干净的湿布或保鲜膜，避免风干结皮。

标准要求

酥层清晰均匀，坯皮光滑而不易破裂。

适用条件

此面团适用于制作产量相对较少的层酥类点心，如制作少量的蛋黄酥、苏式月饼等。

任务准备

面团：水油皮面团200g，干油酥面团160g。
设备工具：案板，走槌，刮板，厨刀。

实训演示

请扫二维码观看视频

实训5　大包酥圆酥技法

圆酥是水油酥皮卷成圆筒后用刀横切成面剂，面剂刀口呈螺旋形酥纹，以刀口面向案板擀成圆皮进行包捏成形，使圆形酥纹露在外面。

技术要点

开酥卷筒要卷紧，要让圆酥的中心规整，切面剂的刀要锋利，要保证面剂的厚度一致，擀制面剂用力要均匀，要保证圆心居中。

标准要求

酥层清晰均匀，中心不偏移。

适用条件

此面团适用于制作龙眼酥、酥盒等。

任务准备

面团：水油皮面团600g，干油酥面团400g。
设备工具：案板，走槌，面杖，厨刀。

实训演示

请扫二维码观看视频

实训6　大包酥直酥技法

直酥是水油酥皮折叠擀制后用刀切成等大的条，然后表面刷水或蛋清将其摞起粘合住，用保鲜膜包住冷冻至定形，再顶刀或与酥皮呈45°角垂直切下面剂，即为一个皮坯，以刀口面有直线酥纹的为面子，稍加擀制后进行包馅成形。

技术要点

开酥酥层清晰均匀，切条的大小要保持相等，刷水或蛋清要均匀，保证粘合牢固，切面剂的刀要锋利，面剂厚度要均匀。

标准要求

酥层清晰均匀，中心不偏移。

适用条件

此面团适用于制作竹筒酥、莲藕酥、粽子酥、橄榄酥等。

任务准备

　　面团：水油皮面团600g，干油酥面团400g

　　设备工具：案板，走槌，面杖，厨刀。

实训演示

请扫二维码观看视频

实训7　大包酥平酥技法

　　平酥是水油酥皮擀薄后直接切成一定形状的皮坯，再夹馅、成形或直接成熟。通常这种酥皮都是用水油皮面包裹一块油脂来进行开酥、分剂、成形的。

技术要点

　　开酥酥层清晰均匀，酥皮厚度一致，厨刀要锋利，切的皮坯大小要一致。

标准要求

　　酥层清晰均匀，皮坯大小规整、一致。

适用条件

　　此面团适用于制作兰花酥、千层酥、岭南酥等。

任务准备

　　面团：水油皮面团500g，片状酥油300g。

　　设备工具：案板，走槌，厨刀，钢板尺。

实训演示

请扫二维码观看视频

实训8 大包酥剖酥技法

剖酥是在暗酥的基础上剖刀，经成熟使制品酥层外翻：水油酥皮或折叠擀制或卷成筒，然后分成暗酥面剂，包入馅心制成符合制品要求的形状，用锋利的刀在饼坯上剖刀，多通过油炸或烘烤的成熟方法成熟。

技术要点

开酥酥层薄而均匀，外形干净规整，使用的刀要锋利，下刀要干净利落。

标准要求

酥层清晰均匀，剖刀长度和深度一致，生坯外形干净规整。

适用条件

此面团适用于制作荷花酥、菊花酥饼、刀拉酥等。

任务准备

面团：水油皮面团600g，干油酥面团400g。
设备工具：案板，走槌，面杖，厨刀。

实训演示

请扫二维码观看视频

淀粉面团调制技法

项目导读

　　淀粉类面团是指以淀粉为主要原料加水和少量油脂及糖等调制而成的面团。常见的淀粉类面团为澄粉面团。

一、澄粉面团的性质特点

　　澄粉是面粉通过加工去掉蛋白质和各种灰分后所得的纯淀粉，即小麦淀粉，其特点是色泽洁白、光滑细腻。澄粉面团是指澄粉加入适量的沸水调制而成的面团，其面团色泽洁白，无弹性、韧性和延伸性，但具有良好的可塑性，适合制作各类精细的造型类点心，其制品成熟后晶莹剔透，呈半透明或透明状，蒸制品口感爽滑细腻、软糯滑嫩，炸制品焦脆爽口。

二、澄粉面团的调制原理

　　澄粉面团的形成主要是利用淀粉受热大量吸收水分发生糊化反应，使淀粉粒粘结而形成面团。调制澄粉面团时通常将100℃的沸水一次性倒入澄粉中，快速搅拌、搓擦均匀成团。

项目实训任务

项目任务	实训任务目录	实训任务内容
任务　熟练掌握澄粉面团调制技法	实训	调制澄粉面团

熟练掌握澄粉面团调制技法

调制澄粉面团

先将澄粉、生粉与盐倒入盆中，将沸水一次性冲入澄粉中，用扁匙迅速搅拌成团，倒在案板上，趁热快速用手掌反复搓擦至其光滑均匀即成澄粉面团。将揉匀的澄粉面团盖上湿毛巾或封上保鲜膜醒面。

技术要点

掌握好澄粉和生粉的比例，使面团既有较好的可塑性，又有一定的韧性，便于成形；要把握好水温和水量，调制澄粉面团时一定要加沸水，并且要一次性加入；要趁热充分将面团擦匀揉透，防止面团出现白色斑点，使面团光滑细腻，柔软性更好，便于成形；面团中加入适量的猪油，会使面团更加光滑细腻，使制品成熟后光泽度更好，口感更加软嫩滋润。

标准要求

面团软硬适中，质地光滑、细腻、柔软、可塑性好。

适用条件

此澄粉面团适用于制作水晶冰皮月饼、水晶虾饺、粉果、象形点心等。

任务准备

面团：澄粉150g，生粉50g，盐3g，沸水200g，猪油10g。

设备工具：案板，盆，筷子，刮刀。

请扫二维码观看视频

实训演示

  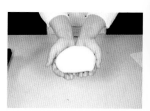

知识链接：苏式船点

苏州、扬州等地风行清代"船宴"。人们一面泛水清游，饱览秀丽的景色；一面品尝别有风味的"船菜"，个中乐趣，在城市餐馆酒楼是难以享受得到的。

清人笔记《桐桥倚棹录》记录当年苏州船宴的情景：画舫的船制甚宽，艄舱有灶，酒茗肴馔，任客所指。宴舱栏楹桌椅，竞尚大理石，以紫檀红木镶嵌。门窗又多雕刻黑漆粉地书画。陈设有自鸣钟、镜屏、瓶花，位置务精。茗碗、唾壶以及杯箸肴馔，无不精洁。游宴时，歌女弹琴弄弦，清曲助兴；船行景移之中，两岸茉莉花、珠兰花浓香扑鼻，酒尚没有醉人，花香先已令人陶醉，夜宴开始，船头羊灯高悬，灯火通明；船内凫壶劝客，行令猜枚，纵情行乐，迨至酒阑人散，剩下一堤烟月斜照。

苏州船点属苏州船菜中的点心部分。明清时期，本地商人往往在游船上设宴，请"在吴贸易者"洽谈生意，船菜由此而越办越丰盛。吴门宴席，以冷盘佐酒菜为首，尔后热炒菜肴，间以精美点心，最后上大菜，大菜往往以鱼为末，图"吃剩有余"口彩。厨师深谙席间吃客心理，点心仅是点缀，小巧玲珑，既有观赏之美，又有美食之味。

目前，各名菜馆均在传统船点上推陈出新，培养许多制点高手，船点已成为宴席中不可少的内容。以花卉植物、虫鸟动物为主，如：白鹅、白兔、桃子、枇杷等。

苏州船点选料考究、制作精美、口感极佳，加上艺术造型的包装，可谓苏州点心中的阳春白雪。

模块三

揉面、分剂、制皮、上馅技法实训

知识目标

1. 掌握面点成形前的基本流程及每项技法的分类
2. 熟练掌握每项技法所需要达到的标准，并了解其用途

能力目标

1. 通过掌握不同技法的操作要点，培养学生独立操作的能力
2. 具备熟练掌握不同操作技法的能力

素质目标

1. 培养学生对博大精深的中式面点文化的探索精神
2. 培养学生干净整洁的工作作风及精益求精的工匠精神

项目一　揉面技法实训

项目导读

　　揉面是指将和好的面团经过反复揉搓，使粉料与辅料调和均匀，形成柔润、光滑面团的过程。在和面初期，由于粉料与辅料混合不够均匀，不够柔软润滑，不符合制作成品的要求，因而要有一个揉面的过程。

　　常用的揉面手法主要包括以下三种技法：单手揉、双手揉、双手交替揉。此外，根据面团的性质和产品的要求还可以采用一些特殊的揉面技法，如搋、捣、摔、叠、擦等技法。

项目实训任务

项目任务	实训任务目录	实训任务内容
任务 1　熟练掌握常用揉面技法	实训 1	单手揉
	实训 2	双手揉
	实训 3	双手交替揉
任务 2　熟练掌握特殊揉面技法	实训 1	搋
	实训 2	捣
	实训 3	摔
	实训 4	叠
	实训 5	擦

任务1　熟练掌握常用揉面技法

 实训1　单手揉

　　单手揉是指将左手压住面团的一头（后部），右手掌根将面团压住向前推，将面团摊开，再卷拢回来，翻上接口转90°，继续再摊卷，如此反复，直到面团揉透。

技术要点

双手配合，协调用力，一只手在前用力前推，另一只手在后起辅助作用。

标准要求

将面团揉至组织均匀、细腻，表面光滑。

适用条件

一般适用于调制小面团，可制作数量较少的面点制品。

任务准备

面团：水调面团500g。
设备工具：案板。

实训演示

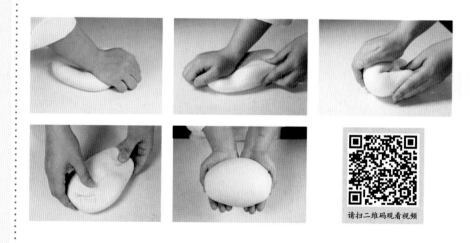

请扫二维码观看视频

实训2 双手揉

双手揉是指用双手掌根将面团向下向前推压，再用双手从前向后卷起，继续推压，然后将面团旋转180°，继续再推、压、卷，如此反复，面团成条状向两侧延伸，双手将面团两头折回，继续此操作，直到面团揉匀揉透。

技术要点

双手配合，共同用力，旋转面团时可将面团翻到左手上，然后用左手将面团倒扣在案板上即可。

标准要求

将面团揉至组织均匀、细腻，表面光滑。

适用条件

一般适用于调制大面团，可制作数量较多的面点制品。

任务准备

面团：水调面团800g。
设备工具：案板。

请扫二维码观看视频

实训演示

 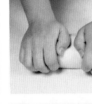 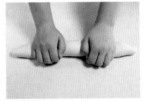

  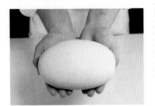

实训3　双手交替揉

双手交替揉是指用右手掌根压住面团，向前推压，再将面团带回，然后左手掌根压住面团，向前推压，再将面团带回，继续用右手推压，再换左手推压，然后将面团旋转180°，面团呈条状向两侧延伸，双手将面团两头折回，继续推压，直到面团揉匀揉透。

技术要点

双手配合，交互用力，使面团的组织更容易均匀。

标准要求

将面团揉至组织均匀、细腻，表面光滑。

适用条件

一般适用于调制大量的面团，可制作较多的面点制品。

任务准备

面团：水调面团800g。
设备工具：案板。

请扫二维码观看视频

实训演示

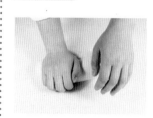  

任务2　熟练掌握特殊揉面技法

根据面团的性质，尤其是产品的要求，有些面团必须采用特殊技法来调制，常见的技法有：捣、摵、摔、叠、擦等。这些技法是揉面技法的补充，可使面团进一步达到均匀、增劲、柔润、光滑或酥软等目的。

 捣

捣，即在和面后，将面团放在盆内，双手紧握拳头，在面团各处，用力向下捣压，力量越大越好。当面被捣压挤向盆的周围，再把面团叠拢到中间，继续捣压，如此反复数次，直至把面团捣透上劲。面点工艺有一句俗语："要使面好吃，拳头捣一千。"即是对面团调制的质量要求，就是说，凡是要求筋力大的面团，必须要捣遍、捣透。

技术要点

双手握拳用力捣压，在叠拢面团时要掌握叠拢的方向，不可以随意叠拢。

标准要求

将面团捣至组织均匀、细腻，表面光滑。

适用条件

一般适用于调制较软的面团，如制作油条时调制的软面团。

任务准备

面团：水调面团500g，色拉油少许。

设备工具：案板，盆。

实训演示

请扫二维码观看视频

 实训2 搋

搋，即双手握紧拳头，交叉在面团上搋压，边搋、边压、边推，把面团向外搋开，然后卷拢再搋，常常手上沾水，直到把面团搋透。操作方法上与捣有相似之处。

技术要点

双手握拳沾水用力交叉搋压，使面团组织均匀上劲。

标准要求

将面团搋至组织均匀、细腻，表面光滑。

适用条件

一般适用于调制较软的面团，如制作筋饼时调制的软面团。

任务准备

面团：水调面团500g，冷水少许。

设备工具：案板。

实训演示

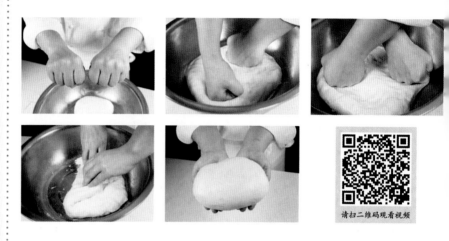

请扫二维码观看视频

实训3 摔

摔，可分为两种方法：一种是用右手抓住面团的一头，举起来，手不离面摔在案板上，如此反复，摔匀为止，此方法多用于调制较小的软面团；另一种是将稀软面团一手拿起摔在盆中，再拿起摔下，如此反复，直到摔匀为止。

技术要点

手抓面团摔面的动作要迅速、干净利落，否则，面团会粘连在手上不易脱落。

标准要求

将面摔团至组织均匀、细腻，表面光滑。

适用条件

一般适用于调制软面团或稀软面团，如制作香河肉饼或春卷的皮面调制的面团。

任务准备

面团：水调面团500g。

设备工具：案板，盆。

实训演示

请扫二维码观看视频

 实训4 叠

叠制操作主要是为了防止面团制作过程中产生面筋，避免面团内部过于紧密，影响膨松效果。操作方法是：将主辅料混合后，用手掌将其上下叠压，使主辅料混合均匀。

技术要点

双手配合，一只手拿刮板，翻拌面团，另一只手叠压面团，要求动作要迅速，不可过度叠压。

标准要求

将面团叠压至主辅料混合均匀即可。

适用条件

一般适用于调制油酥面团中的单酥类面团，如制作桃酥时调制的面团。

任务准备

面团：混酥面团500g。

设备工具：案板，刮板。

学习笔记

实训演示

请扫二维码观看视频

 擦

　　擦，一般用于干油酥面团和部分米粉面团的制作。操作方法是：在案板上把油脂与面粉和好后，用手掌根把面团一层一层向前推擦，再将面团拢起，继续推擦，直至擦匀擦透。擦的方法扩大了油脂与面粉颗粒的接触面，增大了油脂的吸附作用，使油脂和面粉结合均匀，增强面团的黏性，使面团不松散；若是调制米粉面团，可利用擦的手法使米粉面团中的主辅料混合均匀。

技术要点

　　双手配合，一只手拿刮板，聚拢面团，另一只手推擦面团，使主辅料混合均匀。

标准要求

　　将面团搓擦至均匀即可。

适用条件

　　一般适用于调制干油酥面团和部分米粉面团，如制作老婆饼时调制的干油酥面团和制作麻团时调制的米粉面团。

任务准备

　　面团：干油酥面团200g，米粉面团200g。
　　设备工具：案板，刮板。

请扫二维码观看视频

实训演示

温馨提示

1. 揉面的姿势：揉面时，上身要稍前倾，双臂自然伸展，两脚呈丁字步，身体距离案板要有一拳的距离。

2. 通常韧性大、质地坚实的面团，如冷水面团、温水面团和部分发酵类面团等，多会用到常用的揉面技法，使揉制的面团"上劲"。所谓"上劲"是指经过揉制后的面团要达到面团组织结合紧密、柔韧性大的特点。一般反复揉制面团的次数越多、力度越大，则面团的韧性越强、组织越均匀细密，颜色就越洁白，用此面团制作的产品质量就越好，如制作馒头时，若反复用力揉馒头生坯面团，则蒸出的成品会很洁白。

3. 在揉面时，应适度用力，以免手掌或者手腕受伤。

项目二　分剂技法实训

项目导读

　　分剂也称分坯、摘剂、下剂、揪剂、掐剂子，是将整块的或已搓条的面团，按照品种的生产规格要求，采用适当的方法分割成一定大小的坯子。分剂必须做到大小均匀、重量一致，手法正确。

　　分剂前的一道工序即是搓条，是将揉好的主坯，通过各种技法搓成所需要的长条的一种技艺，此工序是为分剂服务的。

　　由于面团的性质和产品的要求不同，分剂的手法有所区别，在操作上大致包括以下五大类：揪剂、挖剂（铲剂）、拉剂（掐剂）、切剂、剁剂。

项目实训任务

项目任务	实训任务目录	实训任务内容
任务 1　熟练掌握搓条技法	实训	搓条
任务 2　熟练掌握分剂技法	实训 1	揪剂
	实训 2	挖剂（铲剂）
	实训 3	拉剂（掐剂）
	实训 4	切剂
	实训 5	剁剂

任务1　熟练掌握搓条技法

 搓条

　　搓条，即取一块揉好的面坯，通过拉、捏、揉、搓、切等方法使之呈条状，然后双手十指张开，掌根压在条的中间位置上适当用力，来回推搓面坯，边推、边搓（必要时也可用双手向两边拉伸），同时两手用向两侧抻动的力，使面坯向两侧慢慢延伸，成为粗细均匀的圆形长条。

技术要点

双手配合，均匀用力，要用最快的速度将面团搓成所需粗细的圆形长条，切勿不停地反复操作，否则会使面团的表皮风干。

标准要求

搓成的条要光洁、圆整、粗细一致，为分剂的规格化创造条件，要完成这个标准必须做到：

（1）双手掌根用力要均匀，要搓、揉、抻相结合，边揉边搓，两边使力平衡，防止两边粗细不均，要使面坯始终呈粘连凝结状态，并向两侧延伸。

（2）要用手掌根按实推搓，不能用掌心，掌心发空，按不平、压不实，不但搓不光洁，而且不易搓匀。

（3）剂条的粗细，根据成品要求而定，如做馒头、大包子的条要粗一些，做饺子、小包子的条要细一些，但不论剂条粗或细，都必须要保证条的粗细均匀一致。

适用条件

适用于在制作馒头、包子、饺子时，进行分剂的前一道工序。

任务准备

面团：水调面团200g。
设备工具：案板。

实训演示

 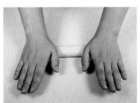

请扫二维码观看视频

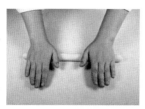

任务2　熟练掌握分剂技法

　揪剂

揪剂又称摘坯、摘剂，一般用于软硬适中的面坯。操作方法是：左手轻握剂条，从左手拇指与食指中（或虎口处）露出所需面剂长短的一段，用右手大拇指、食指和中指轻轻扶住，大拇指弯曲用力顺势往下前方推摘，即摘下一个面剂。然后，左手将握住的剂条旋转90°（防止捏扁，使摘下的面剂比较圆整），并露出截面，右手顺势再揪；或右手拇指和食指由摘口入左手再拉出一段并转90°，顺势再摘，如此反复。总之，揪剂的双手要配合连贯协调。

技术要点

揪剂方法是面点制作分剂过程中使用最多的技法之一，双手配合，协调用力，左手扶住剂条，不可过分用力捏；右手食指和中指只起辅助作用，不可用力；所有的力量都用在大拇指上，要迅速用力揪下面剂。

标准要求

要求所揪的面剂大小均匀、呈圆球形或正方体、剂口规整无大的毛茬、面剂个体规整美观、动作娴熟、速度快。

适用条件

一般适用于分50g以下的面剂，如制作水饺、烧卖、小包子等下剂时的操作。

任务准备

面团：水调面团200g。
设备工具：案板。

请扫二维码观看视频

实训演示

 挖剂（铲剂）

　　挖剂又称铲剂，常适用于剂条较粗、坯剂规格较大的面点制品。操作方法是：面坯搓条后，放在案板上，左手按住，从拇指和食指间（虎口处）露出坯段，右手四指弯曲成铲形，手心向上，从剂条下面伸入，四指并拢迅速向上挖断，即成一个剂子。然后把左手往左移动，继续露出一个剂子坯段，重复操作。挖下的剂子一般为长形或圆形，将其并排戳在案板上，一般50g以上的剂子多用此种手法操作。

技术要点

　　左手虎口处用力掐，右手四指并拢用力挖，双手协调配合，动作迅速。

标准要求

　　要求所挖的面剂大小均匀、呈长形或圆形、剂口规整无大的毛茬、面剂个体规整美观、动作娴熟、速度快。

适用条件

　　一般适用于分50g以上的面剂，如制作馒头、大包子、烧饼等分剂时的操作。

任务准备

　　面团：水调面团300g。
　　设备工具：案板。

请扫二维码观看视频

实训演示

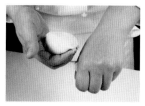

 拉剂（掐剂）

拉剂也称掐剂，常适用于比较稀软的面坯分剂，不能揪剂、也不能挖剂，就采用拉的手法。操作方法是：右手五指抓住适当剂量的坯面，左手拇指和食指虎口处掐住主坯，拉断即成一个剂子；然后再抓，再拉，如此反复；如果是规格很小的坯剂，也可用三个手指拉下。

技术要点

双手配合，交互用力，动作迅速，手上通常会抹油或沾干面粉后操作。

标准要求

操作动作娴熟、速度快，分的剂子大小均匀一致，呈表面光滑的圆形面剂。

适用条件

一般适用于对稀软面团进行分剂，如制作馅饼时的分剂方法。

任务准备

面团：水调稀软面团300g。
设备工具：案板。

请扫二维码观看视频

实训演示

实训4 **切剂**

有的面团如层酥面团，尤其是其中的明酥面团，非常讲究酥层的层次感，如圆酥、直酥、叠酥等，必须采用快刀切的方法，才能保证截面酥层清晰。

技术要点

使用的厨刀要锋利，下刀要稳、准、用力均匀。

标准要求

刀切面剂工整、大小均匀一致，要使刀切截面工整、面剂不变形。

适用条件

一般适用于明酥面团的分剂，如制作圆酥盒、直酥点心等制品的分剂技法。

任务准备

面团：圆酥面坯300g，直酥面坯300g。
设备工具：案板、锋利的厨刀。

实训演示

请扫二维码观看视频

实训5 **剁剂**

将搓好的剂条放在案板上捋直，根据需要面剂的大小，用厨刀从左至右一刀一刀剁下面剂，既可作剂子，又可作制品生坯，为了防止剁下的面剂相互粘连，可在剁剂时左手配合，把剁下的剂子一前一后错开排列整齐。这种分剂方法速度快、效率高。

技术要点

左右手相互配合，下刀稳、准、动作迅速，常用刀刃的后半部分用力将面剂迅速剁下。

标准要求

要保证所剁的剂条粗细均匀再下刀，剁下的面剂刀切面要工整、大小要均匀一致、剁下的面剂不变形。

适用条件

常用于制作刀切馒头、花卷等制品的分剂。

任务准备

面团：水调面团500g，冷水少许。
设备工具：案板。

实训演示

请扫二维码观看视频

温馨提示

切剂和剁剂在某些品种中具有成形的意义，这时更需注意剂子的形态和规格，以达到均匀、整齐、美观的标准。

以上的分剂方法中，以揪剂和挖剂两种技法最为常用，但无论采用何种技法分的剂子，必须满足大小、重量、形状均匀一致。

制皮技法实训

项目导读

　　制皮是将面团或面剂按照品种的生产要求或包馅操作要求加工成坯皮的过程。

　　通常制皮是为包馅服务的，大多数加馅的品种都需要先进行制皮，如：蒸饺、烧卖、水饺、馄饨、包子、月饼、蛋黄酥等。制皮的技术要求较高，操作方法较复杂，皮的质量好坏，将直接影响到后续的包捏技法和制品的成形。由于面点品种不同、要求不同、特色不同、坯料的性质不同等因素，制皮的技法也是多种多样的，从操作顺序上来讲，有在分剂后进行制皮的，也有在制皮后再进行分剂的。目前常用的制皮技法有：擀皮、按皮、拍皮、捏皮、摊皮、压皮等。

项目实训任务

项目任务	实训任务目录	实训任务内容
任务 熟练掌握制皮技法	实训 1	擀皮
	实训 2	按皮
	实训 3	拍皮
	实训 4	捏皮
	实训 5	摊皮
	实训 6	压皮

任务　熟练掌握制皮技法

 擀皮

　　擀皮的工具和方式多种多样，目前常用的擀皮工具主要有：小面杆、橄榄杆、通心槌等；擀皮的方式一般分为平展擀制与旋转擀制两种；若按工具的使用方法不同，则擀皮的方式又分为单手擀制和双手擀制两种。

实训1.1 饺子皮擀法

擀制饺子皮时按所用工具的不同可分为两种：小面杆擀法和橄榄杆擀法。

实训1.1.1 小面杆擀法

此方法属于单手擀制法。将剂子截面向上按扁成圆形，左手拇指、食指、中指、无名指扶住剂子的前部放在案板上，拇指在面剂的上方，其他三个手指在面剂的下方，右手持小面杆压在面剂边缘，右手掌按住面杆，四指收拢，均匀用力前后推轧滚动面杆擀在面剂上，左手适当幅度转动面剂，即擀成厚度均匀、边缘稍薄中心稍厚、圆形如吃碟状的皮子。

技术要点

双手必须协调配合，左手扶住并适当幅度转动面剂，右手将面杆压在面剂边缘，右手四指收拢，手掌按住面杆均匀用力来回推轧滚动擀制面剂，在擀制时要求动作娴熟、连贯。

标准要求

擀成的皮呈圆形、吃碟状、边缘薄而均匀、中间稍厚，整体厚度均匀，无明显的轧痕。

适用条件

利用此技法擀成的皮子适用于制作水饺、汤包、小笼包等。

任务准备

面团：水调面团100g。
设备工具：案板，小面杆。

实训演示

请扫二维码观看视频

实训1.1.2 橄榄杖擀法

此方法属于双手擀制法。将剂子截面向上按扁成圆形，将橄榄杖放于其上，双手掌根按住橄榄杖两侧，左手拇指、食指、中指、无名指扶住剂子的前部放在案板上，拇指在面剂的上方，其他三个手指在面剂的下方，将面剂放在橄榄杖的中心位置，橄榄杖压住面剂边缘，双手掌根按住面杖，四指收拢，共同均匀用力前后推轧滚动面杖擀在面剂上，左手适当幅度转动面剂，即擀成厚度均匀、边缘稍薄中心稍厚、圆形如吃碟状的皮子。适用于水饺、蒸饺、锅贴、小笼包等。

利用橄榄杖擀制饺子皮是经常用到的技法，也是制皮中技术难度和质量要求相对较高的一项技法，擀制的饺子皮质量要求也很高。

技术要点

双手必须协调配合，左手扶住并适当幅度转动面剂，将面剂放在橄榄杖中心位置，右手四指收拢，双手掌根按住面杖，共同均匀用力来回推轧滚动擀制面剂，在擀制时要求动作娴熟、连贯。

标准要求

擀成的皮呈圆形、吃碟状、边缘薄而均匀、中间稍厚，整体厚度均匀，无明显的轧痕。

适用条件

利用此技法擀成的皮子适用于制作水饺、蒸饺、锅贴、汤包、小笼包子等。

任务准备

　　面团：水调面团100g。

　　设备工具：案板，橄榄杖。

实训演示

请扫二维码观看视频

实训1.2　烧卖皮擀法

　　烧卖皮要求擀制呈"金钱底""荷叶边"或"菊花边"形状，根据所用工具的不同，可分为鸭蛋槌擀法和橄榄杖擀法两种。

实训1.2.1　鸭蛋槌（烧卖槌）擀法

　　将剂子按扁呈圆形，平放在案板上，撒上干粉，压上鸭蛋槌，双手握住鸭蛋槌中轴的两端，左手轻扶面剂，右手握鸭蛋槌向下均匀用力压住剂子边缘，向前一按一推，边擀边转，着力点在面剂的边上，擀压形成厚度均匀、有波浪花纹的荷叶边状圆形面皮。若将圆皮撒上干粉摞起来，则一次可同时擀出几张皮子。

技术要点

　　双手必须协调配合，皮面上要撒上稍多的干粉，左手轻扶面剂，右手握鸭蛋槌短促均匀用力擀压面剂边缘，在擀制时要求动作娴熟、连贯。

标准要求

　　擀压成的皮呈圆形、边缘薄而均匀呈折褶均匀的荷叶边、中间稍厚，整体厚度均匀，无明显的轧痕，不能将皮子擀破。

适用条件

利用此技法擀压的皮子适用于制作烧卖。

任务准备

面团：水调面团100g。

设备工具：案板，鸭蛋槌。

请扫二维码观看视频

实训演示

📎 知识链接：烧卖

烧卖，是形容顶端蓬松束折如花的形状，是一种以烫面为皮裹馅上笼蒸熟的小吃。烧卖出现于元大都，是地道的北京小吃，如今我国各地均有。烧卖起源于包子，烧卖与包子的区别在于顶部不封口，作石榴状，明代称烧卖为"纱帽"，清代称之为"鬼蓬头"，清乾隆年间的竹枝词有"烧卖馄饨列满盘"的说法。其形如石榴，洁白晶莹，馅多皮薄，清香可口，兼有小笼包与锅贴之优点，民间常作为宴席佳肴。

烧卖在中国土生土长，其选料、制作方法、风味特点等方面因地域不同差异很大。

北京烧卖根据季节不同四季馅料有别：春季以青韭为上，夏季以羊肉西葫芦为优，秋季以蟹肉馅应时，冬季以三鲜为佳；河南有切馅烧卖，安徽有鸭油烧卖，杭州有牛肉烧卖，江西有蛋肉烧卖，山东临清有羊肉烧卖，苏州有三鲜烧卖，湖南长沙有菊花烧卖，呼和浩特有羊肉大葱烧卖，广州有干蒸烧卖、鲜虾烧卖、蟹肉烧卖、猪肝烧卖、牛肉烧卖和排骨烧卖等，都各具地方特色。

实训1.2.2　橄榄杖擀法

将剂子按扁成圆坯，用橄榄杖先擀成厚度均匀的圆皮，撒上干粉，将几个皮子摞起来，右手握住橄榄杖放于皮上，将着力点移近边缘，左手轻轻按住皮子，右手按压橄榄杖向前下方擀压皮的边缘，左手扶皮和面杖配合逆时针转动面皮，将皮的边缘擀压成菊花形边。

技术要点

双手必须协调配合，皮面上要撒上稍多的干粉，双手握住橄榄杖两端，均匀用力擀压面剂边缘，在擀制时要求动作娴熟、连贯。

标准要求

擀压成的皮呈圆形、边缘薄而均匀呈折褶均匀的荷叶边、中间稍厚，整体厚度均匀，无明显的轧痕，不能将皮子擀破。

适用条件

利用此技法擀压的皮子适用于制作烧卖。

任务准备

面团：水调面团100g。
设备工具：案板，橄榄杖。

实训演示

请扫二维码观看视频

实训2　按皮

按皮是将下好的剂子整理成表面光洁的圆形，或直接将摘下的剂子截面向上，用右手掌边和掌根位置将其按成边缘稍薄、中间较厚的圆形皮子的技法。按皮时，不可用掌心位置，否则按出的皮子不够平且不圆整。

技术要点

要使用手掌的适当位置来按皮，用力要均匀得当。

标准要求

要求按出的皮子呈圆形，中间稍厚、边缘稍薄，整体厚度均匀，便于包馅成形。

适用条件

通常制作豆沙包、糖包等会采用此技法制皮。

任务准备

面团：水调面团200g。
设备工具：案板。

请扫二维码观看视频

实训演示

实训3　拍皮

拍皮是把下好的剂子截面朝上摆，用右手四指按压一下，然后再用手掌沿着剂子周边着力拍，边拍边转动，把剂子拍成中间厚、四边薄的圆皮的技法。此技法可单手拍，拍一下，转动一下；也可用双手拍，左手转动面剂右手拍；也可以将面剂放在左手掌上，用右手掌拍一下即可。

技术要点

双手配合，动作娴熟，边转面剂边均匀用力拍。

标准要求

要求拍出的皮子呈圆形，中间稍厚、边缘稍薄，整体厚度均匀，便于包馅成形。

适用条件

通常制作大包子一类的品种会采用此技法制皮，或制作烫面炸糕、糯米点心等一般用此方法制皮。

任务准备

面团：水调面团100g，米粉面团100g。
设备工具：案板。

请扫二维码观看视频

实训演示

🔗 知识链接：老北京小吃"烫面炸糕"

烫面炸糕是京城庙会的小吃品种，多为回民制售。烫面炸糕色泽金黄，表皮酥脆，质地软嫩，味道香甜可口，因其用料简单，制作也不复杂，深受广大群众的喜爱。

制作烫面炸糕的主要原料有：面粉、花生油、老酵面、芝麻油、碱面、糖桂花、白糖等。

捏皮

捏皮是把分好的剂子整理成圆形后，再用双手拇指和食指边转动面剂边均匀用力捏，将其捏成圆壳形（便于包馅收口）的技法，又称"捏窝"。

技术要点

双手配合，手指均匀用力边捏边转动面剂，直至把剂子捏成厚度均匀的圆壳形状。

标准要求

操作动作干净利落，捏出的皮厚度均匀、形状工整。

适用条件

此技法一般适用于米粉面团中制作汤圆之类的品种。

任务准备

面团：糯米粉面团100g。
设备工具：案板。

请扫二维码观看视频

实训演示

 摊皮

摊皮常用于浆状、糊状或稀软面团的制皮技法，如制春卷皮和锅饼皮即可利用此摊皮技法。

实训5.1　摊春卷皮

平底锅架火上（火力不能太旺），右手持稀软下流的面团不停地抖动（防止面团流下），顺势向锅内一摊，然后马上提起面团，锅上就被粘上一张圆皮，待锅上的皮受热成熟即可取下。

技术要点

摊皮技术性很强，稀软面团在手中要不停地抖动，以免面团流下来；在摊制时动作要迅速，面团摊在锅中需马上就提起，保证粘在锅中的皮薄而圆，要控制好摊制的温度。

标准要求

摊好的皮要求形状圆、皮薄而均匀、没有气眼、大小一致。

适用条件

摊皮需借助热能和锅具，常用此技法来制作春卷皮。

任务准备

面团：稀软面坯200g。
设备工具：炉灶，平底锅，锅铲。

请扫二维码观看视频

实训演示

⊘ 知识链接：中国民间节日传统食品——春卷

春卷在我国有着悠久的历史，北方人也称之为"春饼"。据传在东晋时期就有称为"春盘"的食物，当时人们每到立春这一天，就将面粉制成的薄饼摊在盘中，加上精美蔬菜食用。那时不仅立春这一天食用，春游时人们也带上"春盘"。到了唐宋时，这种风气更为盛行。著名诗人杜甫的"春日春盘细生菜"和陆游的"春日春盘节物新"的诗句，都真实地反映了唐宋时期人们这一生活习俗。在唐代，春盘又称"五辛盘"。

立春吃春卷自古便是我国民间的一个传统习俗，流行于中国各地，在江南等地尤盛，过春节通常都不吃饺子，而是吃春卷和芝麻汤圆。就像端午吃粽子，大年三十吃饺子一样，除了表示迎接新春的意思以外，还因为春卷里面通常包含了大量春天新鲜的蔬菜。在民间除供自己家食用外，常用于待客。

制作春卷：高筋面粉加水和盐调制成稀软面团，在平底锅中摊烙成圆形皮子，然后将制好的馅心（肉末、豆沙、各种蔬菜等）摊放在皮子上，将两头折起，卷成长卷下油锅炸成金黄色即可。

春卷皮薄酥脆，馅心香软丰富，别具风味。如成都的芥菜春卷、湖南的湘宾春卷、莆田春卷、闽南春卷等均为当地颇具特色的名小吃。

实训5.2　摊锅饼皮

平底锅架火上（火力不能太旺），用手勺盛适量稀面糊倒入锅中，趁势转动锅体，使稀面糊随锅体流动，转成薄的圆形坯皮状，待其受热凝固，形成一张薄而平整的圆形坯皮即可取下。

技术要点

面糊倒入锅中后要马上转动锅体，让面糊均匀布满整个锅底，呈薄而圆的饼皮，要控制好摊制的温度。

标准要求

要求摊制的饼皮厚薄均匀、大小一致、圆整。

适用条件

此技法需借助热能和锅具，常用此摊皮技法来制作锅饼皮或摊鸡蛋饼等。

任务准备

面团：锅饼皮面糊100g。

设备工具：炉灶，平底锅，锅铲。

请扫二维码观看视频

实训演示

  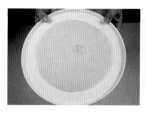

 压皮

压皮是将剂子截面向上，用手掌略摁扁，右手拿拍皮刀，在刀的外侧抹少许色拉油，然后放平压在剂子上，左手压在刀上，双手共同用力稍加使劲旋压，将面剂压成圆形皮子。

技术要点

刀面接触面剂的一侧要抹油，双手要相互配合，共同用力旋压拍皮刀，用力要均匀。

标准要求

要求压成的坯皮平展、圆整、厚薄、大小适当。

适用条件

压皮用于没有韧性的剂子或面团较软、皮子要求较薄的特色品种的制皮。剂子一般较小，广式点心中制作澄粉制品虾饺时常用此方法制皮。

任务准备

面团：澄粉面团100g。

设备工具：案板，拍皮刀，沾有色拉油的油纸。

请扫二维码观看视频

实训演示

上馅技法实训

项目导读

上馅又称打馅、包馅、拓馅，是有馅面点品种的一道必需工序。根据面点制品的不同特点，对上馅技法的要求也不尽相同，此技法是否标准会直接影响到成品的外形和质量。例如，上馅封口不严，则会出现馅心外流的现象；若操作不当，还会出现包馅过偏、肉馅塌底等现象。因此上馅技法也是重要的基本功之一。

根据不同的面点品种，常用的上馅技法主要包括以下六种：包馅法、拢馅法、夹馅法、卷馅法、滚粘法和酿馅法。

项目实训任务

项目任务	实训任务目录	实训任务内容
任务　熟练掌握上馅技法	实训 1	包馅法
	实训 2	拢馅法
	实训 3	夹馅法
	实训 4	卷馅法
	实训 5	滚粘法
	实训 6	酿馅法

任务　熟练掌握上馅技法

实训1　包馅法

包馅法是制作有馅面点常用的一种上馅技法，根据面点品种的成形方法不同，如无缝类、捏边类、提褶类、提花类、卷边类等，上馅的多少、部位、技法也就随之不同。

实训1.1 无缝类

制作此类品种通常将馅包在坯皮的中间：左手持皮，右手将馅放于皮的中心位置，然后左手用虎口位置收拢剂口，右手拇指轻按馅心，并用右手轻轻转动面剂，双手配合，将馅心包入并封口，包馅后呈圆形。

技术要点

馅心放在皮的中间位置，左手收拢剂口时可用右手拇指轻轻向下按压馅心至可以封住口即可，不可用力按压馅料，否则会使馅心底部的皮面变薄；左手收口处注意不要有太大的面头，如果面头过大，则需要将其揪掉，以保证皮的整体厚度均匀。

标准要求

包馅后馅心居中，皮的厚度均匀。

适用条件

此技法适用于制作豆沙包、奶黄包、馅饼、糯米糍等。

任务准备

坯料：水调面团100g，米粉面团100g，豆沙馅50g。
设备工具：案板，小面杖。

请扫二维码观看视频

实训演示

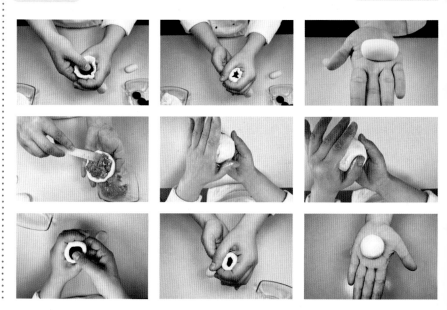

实训1.2　捏边类

制作此类品种通常在包馅后封口处是有边的：左手持皮，右手上馅，然后双手配合将坯皮合拢捏紧，捏成制品所需要的形状，通常要求馅心在皮的中间位置。

饺子的包法：将面剂用橄榄杖擀成标准的饺子皮，将皮平放于左手中四指中心，右手持扁匙上馅于皮的中心稍偏位置，然后左手拇指将皮挑起，右手同时用拇指配合挑皮，使圆皮对折，然后双手拇指与食指均匀用力将皮子边缘捏住封口，捏成月牙状饺子生坯。

技术要点

左手四指弯曲呈碗状托皮，上馅时汤汁不可沾到皮的边缘，上馅后捏边封口时要捏住皮的边缘，不要捏得过大，同时要使双手拇指呈30°角然后再稍用力弯曲捏边。

标准要求

饺子皮薄馅大、外形规整美观、不露馅、不流汤汁、捏边不大、馅心饱满。

适用条件

此技法适用于制作水饺、煎饺、大包子、糖三角等。

任务准备

坯料：水调面团200g，水饺馅100g，糖馅50g。
设备工具：案板，橄榄杖，平杖，扁匙，小勺。

请扫二维码观看视频

实训演示

实训1.3 提褶类

制作此类品种通常在包馅后封口的同时会捏出均匀美观的褶：左手四指弯曲呈碗状托住皮，右手持扁匙上适量的馅至皮的中心，然后用右手拇指和食指捏住皮的边缘均匀用力，将皮的边缘边叠边捻，逆时针捏出均匀美观的褶皱，并同时将剂口封严。

提褶包子的操作技法：将面剂用橄榄杖擀成稍厚的圆皮，左手四指弯曲呈碗状托皮，右手持扁匙上适量的馅，将馅心置于皮的中心，用右手拇指和食指捏住皮的边缘，拇指弓起，在皮的内侧，食指稍加弯曲在皮的外侧，两个手指约呈90°角，边叠褶边捻皮的边缘，按逆时针方向均匀捏褶，捏出至少18个长、宽均匀的竖褶，然后将捏好褶的剂口捏住，封口呈圆形、一字形、三角形，使包子整体呈圆形。

技术要点

馅心适量饱满居中，不可过少，上馅时注意不要将馅或汤汁涂抹在皮的边缘，否则影响封口；成形时右手拇指弓起，食指与皮呈垂直状态，用食指的外侧接触皮面，并尽量长地接触皮面，同时均匀捏褶，以保证所捏褶的长度和宽度均匀一致。

标准要求

馅心适量居中，提褶包子圆而饱满，皮的厚度均匀、提褶均匀、至少18个褶，封口严而美观、不露馅、不流汤汁。

适用条件

此技法适用于制作提褶小笼包、灌汤包等。

任务准备

坯料：水调面团200g，包子馅100g。
设备工具：案板，橄榄杖，扁匙。

实训演示

请扫二维码观看视频

实训1.4　提花类

制作此类品种通常在包馅后封口的同时捏出形如麦穗的褶：左手四指托皮呈碗状，右手持扁匙上适量的馅置于皮的中心，将皮对折，然后右手拇指和食指弓起在皮的两侧，从一端捏住皮的边缘均匀用力，沿着皮的方向将皮的两侧边缘捏出左右对称、均匀美观的斜褶呈麦穗状，边捏褶边封口，直至将剂口封严，利用此技法捏出的包子也称之为秋叶包。

技术要点

馅心适量饱满居中，不可过少，上馅时注意不要将馅或汤汁涂抹在皮的边缘，否则影响封口；成形时右手拇指和食指均需弓起，分别捏住皮的两侧，同时均匀捏褶，以保证两侧所捏的褶皱对称均匀。

标准要求

麦穗褶包子皮的厚度均匀、馅心饱满、捏麦穗褶长度均匀、立体感强、美观规整、形如秋叶。

适用条件

此技法适用于制作秋叶包、麦穗蒸饺等。

任务准备

坯料：水调面团200g，包子馅100g。
设备工具：案板，橄榄杖，扁匙。

实训演示

请扫二维码观看视频

实训1.5　卷边类

　　此类品种可用两个坯皮，两张皮中间夹馅，皮周围稍留些边封口，然后将边缘卷捏成形；或者用一张坯皮，上馅后对折封口，然后将边缘卷捏成形。

　　馄饨的上馅方法有两种：大馄饨和水饺类似，成形可捏成护士帽形或者元宝形；小馄饨的馅心很少，通常用筷子挑馅放在方形皮子的一角，顺势用筷子将皮卷起，抽出筷子，两头一粘，再捏拢成形。

　　捏花边操作技法：将两个面剂用面杖擀出两个大小均匀一致的圆皮，中间夹馅，将两个圆皮周围封口捏严，然后左手托皮，右手用拇指和食指将封口处捏扁，然后用拇指将捏扁的部分挑起，并同时向前移动，然后顺势继续用拇指和食指将挑起部分的前端和封口原边继续再捏扁捏薄，如此重复操作，即可将整个圆面剂边缘卷捏成均匀的绳索状花边。

技术要点

　　馄饨上馅适量；护士帽形馄饨技术要点：上馅干净利落、皮的边缘不可沾有汤汁、封口要严；捏花边成形技术要点：右手拇指和食指弓起，利用手指肚捏住封口处边缘两侧，均匀用力捏边、挑边，以保证所捏的花边均匀一致。

标准要求

　　护士帽馄饨馅心饱满、外形规整、形象美观、汤汁不外流；捏花边馅心饱满均匀美观、薄而规整、接口处无大的接缝、立体感强。

适用条件

此技法适用于制作馄饨、酥盒等。

任务准备

坯料：水调面团200g，馄饨馅100g。
设备工具：案板，面杖，扁匙，筷子。

实训演示

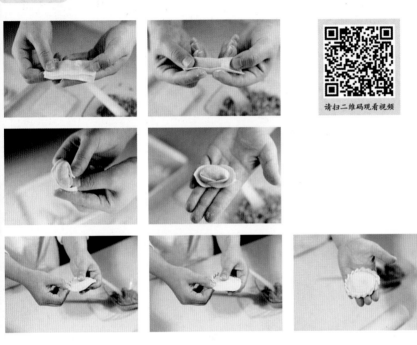

请扫二维码观看视频

实训2 拢馅法

采用拢馅法通常是上馅时的操作与成形同时进行：左手四指稍弯曲托皮，右手持扁匙上馅置于皮中心位置，然后用左手虎口处掐住靠近皮边缘1cm左右的位置收拢，使顶部的馅心露出、不封口，使外形呈花瓶状或石榴状立住。

技术要点

上馅在皮的中心位置，收口要掌握好力度，成形后要保证生坯可以立得住，不斜、不倒。

标准要求

馅心饱满，剂口处部分馅心外露不封口，剂口褶皱美观，外形直立、美观。

适用条件

此技法适用于制作羊肉烧卖、糯米烧卖等。

任务准备

坯料：水调面团200g，烧卖馅100g，香菇糯米馅。
设备工具：案板，鸭蛋槌，扁匙，小勺。

请扫二维码观看视频

实训演示

实训3　夹馅法

夹馅法主要适用于糕点类制品：制作时铺上一层坯料再加上一层馅料，然后再铺上一层坯料；如此操作可以夹一层馅料，也可以夹多层。如果主坯为稀糊状，则上馅前先要蒸熟一层坯料，再铺上一层馅料蒸熟，然后再倒入稀糊状的主坯继续蒸熟。

技术要点

无论是面团、粉料，还是糊状料，作为坯皮来夹馅，都要保证坯皮的厚度要均匀一致，使馅料均匀夹在中间。

标准要求

夹馅必须均匀、平展、美观、坯皮的厚薄均匀、规格数量适当。

适用条件

此技法适用于制作千层桂花糕等。

任务准备

坏料：千层桂花糕坏料。

设备工具：案板，炉灶，蒸锅，容器。

请扫二维码观看视频

实训演示

 ### 实训4　卷馅法

卷馅法就是将面坏擀成片状将馅心抹（或撒）在上面，或在片形熟坏上抹（或撒）上馅心（一般是细粒馅或软馅），然后卷拢成形，再制成生坏或成品。

技术要点

馅料要抹匀或撒匀，要求擀制面坏厚度均匀平整，上馅平整、厚薄均匀、馅量适当，卷拢手法标准、熟练。

标准要求

坏皮、馅心的厚度均匀美观、造型美观。

适用条件

此技法适用于制作蛋糕卷、花卷、黏质糕卷等。

任务准备

坏料：蛋糕坏400g，打发甜奶油200g。

设备工具：案板，高温纸，抹刀，蛋糕刀，盘子。

实训演示

实训5 滚粘法

这是一种特殊的上馅方法，常与成形方法通用，此技法既是上馅也是成形，一次完成：把馅心切成小块或搓成小圆球，反复多次蘸上水或放入开水中烫，然后放于干粉中滚动，将粉料逐渐滚粘在馅料上而成圆形的球状；也有将馅料或者其他辅料滚粘在坯料之外的。

技术要点

要求滚粘粉料前蘸水要均匀、滚动时用力要匀，使粉料滚粘厚度均匀一致。

标准要求

滚粘粉料或者辅料要均匀、稳固不掉。

适用条件

此技法适用于制作元宵、藕粉圆子、麻团等。

任务准备

坯料：制作麻团皮面100g，白芝麻适量，清水适量。

设备工具：案板，盘子，小喷壶。

实训演示

请扫二维码观看视频

实训6　酿馅法

有些面点品种是在成形时把面坯捏出小孔洞，然后将馅料装入孔洞中，这种上馅技法称之为酿馅法，如制作四喜蒸饺等一些花色蒸饺类即用此技法上馅。

有些面点品种会采用注入法上馅，这是一种通过挤注进行上馅的方法，常运用一些半流体的、可直接食用的馅心，如制作泡芙、羊角筒等均采用这种挤注的方法上馅。

有些面点品种会采用混合法上馅，即是将馅料与坯料混合后制作成形，如制作核桃酥、花生酥等即采用混合法上馅。

技术要点

要求上馅均匀、干净利落、馅心用量适中。

标准要求

要求上馅的原料不能影响制品的外形标准，要能够起到增加制品美观度及风味、营养等的作用。

适用条件

此技法适用于制作四喜蒸饺、羊角筒、花生酥等。

任务准备

坯料：冷水面团200g，肉馅、胡萝卜碎、青椒碎、火腿碎、黑木耳碎各少许。

设备工具：案板，面杖，小勺，筷子，扁匙。

实训演示

 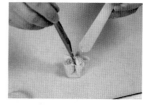 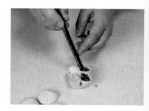

请扫二维码观看视频

模块四

成形技法实训

实训目标

知识目标

1. 掌握面点成形技法的特点和分类
2. 熟练掌握每项成形技法所需要达到的标准，并了解其用途

能力目标

1. 通过掌握不同成形技法的操作要点，培养学生独立操作的能力
2. 具备熟练掌握不同面点产品成形技法的能力

素质目标

1. 培养学生对博大精深的中式面点文化的探索精神
2. 培养学生干净整洁的工作作风及精益求精的工匠精神
3. 培养学生勇于探索的创造精神

　　成形技法就是将主坯按照品种的形态要求，运用各种方法（手法、工具等），使生坯或成品确定形态的操作技术。

　　面点的成形技法在面点制作中的意义在于其决定了制品的形态，反映了制作技艺；完成了包馅程序，形成了制品风味；确定了品种规格；改善面团质地，体现了制品特色。

　　面点的成形技法有很多，主要包括徒手成形技法、借助简单工具成形技法、模具成形技法和装饰成形技法四大类。

　　常用的成形技艺主要有：包、捏、揉、卷、叠、按、拧、抻；擀、摊、切、削、拨；钳花、模具、滚粘、剪、夹、挤注；镶嵌、裱花等。

项目一 徒手成形技法

项目导读

　　徒手成形技法是指不借助任何工器具而将面坯整理成所需要的形状，即为生坯。徒手成形法主要有：包、捏、揉、卷、叠、按、拧、抻等。

项目实训任务

项目任务	实训任务目录	实训任务内容
任务 掌握徒手成形技法	实训 1	包
	实训 2	捏
	实训 3	揉
	实训 4	卷
	实训 5	叠
	实训 6	按
	实训 7	拧
	实训 8	抻

任务　掌握徒手成形技法

 实训1　包

　　包是将制好的皮子（也有用其他薄片形原料，如粽叶、豆腐皮等）上馅后使之成形的一种技法。包的手法在面点制作中应用极广，很多带馅品种都要用到包法，诸如烧卖、春卷、汤圆、各式包子、馅饼、馄饨、月饼，以及较特殊的品种粽子等。包法常与其他成形技法，如卷、捏等结合在一起成形，也往往与上馅方法结合在一起，如包入法、包拢法、包裹法、包捻法等。

包法因制品不同，各有不同的操作方法。

实训1.1　提褶包成形法

此技法在模块三上馅技法中的包馅法已经讲述。如制作提褶小笼包、提褶灌汤包等的成形技法，因上馅之后即需进行下一步的成形技法操作，因此这里不再进行赘述。

实训1.2　烧卖成形法

烧卖上馅方法称为拢馅法，即模块三上馅技法中的拢馅法，在加馅的同时，左手虎口将烧卖皮收口并往上拢，从腰处勒紧，收口处露出馅心，成花瓶状或石榴形烧卖。

实训1.3　馄饨成形法

馄饨的成形方法有多种，最常见、最快速的称捻团包法，即左手拿一张方形薄皮，右手拿筷子挑上馅心，抹在皮的一角上，朝内滚卷，包裹起来，抽出筷子，两头一粘，即成捻团馄饨。另外还有模块三上馅技法中讲述的护士帽形馄饨，同时还有元宝形、莲花形、港式云吞等。

技术要点

馄饨皮薄而规整，馅心适量，封口时皮上面需要抹少许清水进行粘合。

标准要求

馅心饱满、均匀，封口严实、外形美观。

适用条件

此技法适用于制作各种形状的馄饨。

任务准备

坯料：方形馄饨皮200g，馄饨馅100g。

设备工具：案板，筷子或扁匙。

实训演示

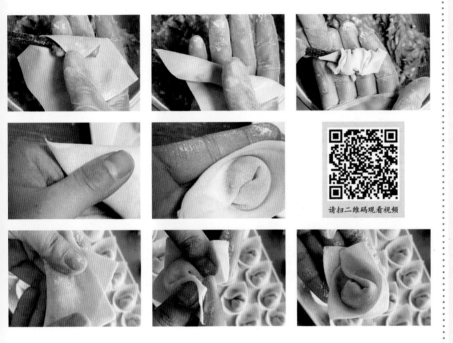

请扫二维码观看视频

实训1.4　汤圆包法

将米粉面剂捏成碗形"捏窝"，包入馅心，用虎口处把口收拢，然后搓成圆形生坯即成。另有如豆沙包、馅饼等包法与汤圆相似，只是豆沙包需剂口朝下放，馅饼需用手按成扁圆形。

技术要点

皮面捏窝厚度要均匀一致，馅料要放在中心位置，若是米粉面团，则将剂口边缘碰合即可封口；若是面粉面团作为皮面，则需要将剂口捏合后将多余的剂头揪掉，才能保证皮的厚度均匀。

标准要求

汤圆圆滚、皮厚度均匀；馅饼内馅饱满、皮厚度均匀。

适用条件

此技法一般适用于制作汤圆、糯米糍、黏豆包等米粉类制品，还可制作如豆沙包、奶黄包、馅饼等麦粉类制品。

任务准备

坯料：米粉面团200g，馅饼皮面100g，豆沙馅100g，肉馅100g。
设备工具：案板，扁匙。

实训演示

请扫二维码观看视频

实训1.5　春卷包法

春卷皮为圆形，铺平在案板上，将馅料放在皮边缘的1/3处，提起小边折盖在馅上，再将左右两侧也往里相对折叠盖在馅料上面，然后向前滚动卷起，收口边沿抹少许面糊粘起即成春卷的生坯。

技术要点

馅料适量规整放于春卷皮上1/3处，包住馅料不可使馅料露出。

标准要求

馅心饱满、规整，外形美观，形如小枕头状，不露馅、不流汤汁。

适用条件

此技法一般适用于制作各种馅料的春卷或筋饼盒子等制品。

任务准备

坯料：春卷皮10张，春卷馅适量。

设备工具：案板，羊毛刷，筷子。

实训演示

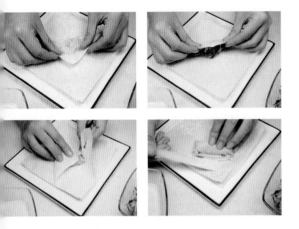

请扫二维码观看视频

实训1.6　粽子包法

粽子形状较多，有三角形、四角形、菱角形等。以菱角形粽子的包法为例，先把两张粽叶拼在一起，扭成锥形筒状，灌进湿糯米，放入馅心，将粽叶折上包严、包紧，用绳扎紧即成。

技术要点

米要装实，粽叶要将米包严实，不能漏米，包好后要用绳捆住扎紧。

标准要求

外观有棱角、规整美观，用手按压紧实不松散。

适用条件

此技法一般适用于制作各种不同馅料、不同形状的粽子。

任务准备

原料：泡好的糯米500g，红枣适量。

设备工具：案板，小盆，泡好的粽叶，线绳。

实训演示

请扫二维码观看视频

 实训2 捏

捏是将包馅（也有少数不包馅）的面剂，按成品形态要求，通过拇指与食指上的技巧制成各种形状的方法。它是比较复杂多样、富有艺术的一项操作，如制作各种花色蒸饺、象形船点、糕团、花纹包、虾饺等，比较注重造型。捏常与包结合运用，有时还需利用各种小工具，如花钳、剪刀、梳子、骨针等进行配合，分为一般捏法和捏塑法两大类。

实训2.1　一般捏法

一般捏法比较简单，是一种基础捏制法，把馅心放在皮子中心，用双手把皮子边缘按规格粘合在一起即成。没有纹路和花式等，是一种最简单的形态。

技术要点

馅要居中，收口处不能太薄或太厚，封口要严；加馅要适量，根据品种要求，适当掌握皮馅比例。

标准要求

馅心适量饱满，外形规整美观，封口严实不露馅。

适用条件

此成形技法一般适用于制作水饺、馅饼等制品。

任务准备

坯料：水调面团500g，肉馅200g。
设备工具：案板，扁匙。

实训演示

请扫二维码观看视频

实训2.2　捏塑法

捏塑法是在一般捏法的基础上进一步成形，具有一定的立体造型，它是花式面点的主要成形方法。坯皮包入馅心后，利用右手的拇指、食指（有时还有中指）采取提褶捏、推捏、捻捏、叠捏、扭捏、花捏等手法，捏塑成各种花纹花边的、立体的、象形的面点品种。

实训2.2.1　提褶捏

提褶捏即是提褶包及麦穗褶包的成形技法。

实训2.2.2　推捏

推捏褶，如制作月牙饺、广东虾饺，用左手虎口托住加了馅的坯皮，左手食指将外边皮向前一推，右手食指和拇指配合，捏出一个皱褶（食指在外、拇指在内），不断推捏，形成月牙形的饺子。

技术要点

馅心适量，双手配合推捏褶，用力要均匀、细致。

标准要求

包馅封口严实不露馅，推捏出的褶间距均匀、美观，褶长度均匀清晰。

适用条件

此成形技法一般适用于制作月牙形饺子、广式虾饺等制品。

任务准备

坯料：水调面团100g，肉馅100g。
设备工具：案板，扁匙。

实训演示

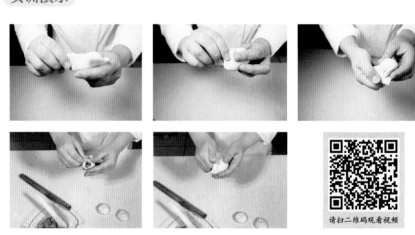

请扫二维码观看视频

实训2.2.3　捻捏

捻捏可捏出波浪花纹，如制作花色蒸饺冠顶饺、白菜饺等，将上馅捏合后的坯皮边缘由下而上捻捏出波浪状的花纹，再根据造型需要进行捏合即可。

技术要点

馅心适量，双手配合捻褶，用力要均匀、细致，保证褶的大小形状均匀一致。

标准要求

推捏出的波浪花纹均匀、细巧、美观。

适用条件

此成形技法一般适用于制作冠顶饺、白菜饺等花色蒸饺制品。

任务准备

坯料：水调面团100g，肉馅100g。
设备工具：案板，扁匙。

实训演示

请扫二维码观看视频

实训2.2.4　叠捏

制作四喜饺等可利用叠捏技法，将加馅坯皮四等分，向中间粘起，形成四个大洞，每相邻两个大洞的相邻边中间相叠捏起，中心位置便同时又形成了四个小洞。

技术要点

馅心适量，双手均匀用力捏合。

标准要求

推捏出的四个大洞和四个小洞都要均匀一致、美观，大洞中可以酿入馅料。

适用条件

此成形技法一般适用于制作一品饺、四喜饺、梅花饺等花色蒸饺制品。

任务准备

坯料：水调面团100g，肉馅100g，胡萝卜、煮鸡蛋、火腿各适量。
设备工具：案板，扁匙，筷子。

实训演示

请扫二维码观看视频

实训2.2.5　扭捏

利用扭捏技法可制作酥盒等，将加馅的两块圆酥皮合在一起，拇指、食指在形成的边上捏出少许，将其向上翻的同时向前稍移再捏、再翻，直到捏完一周，形成均匀的绳索状花边。技法同模块三上馅技法中卷边类捏花边操作技法。

实训演示

请扫二维码观看视频

实训2.2.6 花捏

利用花捏技法主要捏制象形品种，如模仿各种动植物的船点、艺术糕团等，形成各种形状的手法。

技术要点

皮馅配合要适宜，制作要精细、逼真，但不可过于烦琐。

标准要求

造型美观、形象逼真、搭配合理。

适用条件

此成形技法一般适用于制作象形类点心，如象形金鱼包、玉兔包等花色点心。

任务准备

坯料：澄粉面团300g，奶黄馅100g，芝麻等。

设备工具：案板，面杖，扁匙，筷子，剪刀，花钳等。

实训演示

请扫二维码观看视频

 实训3 揉

揉又称为搓，是一种比较简单的基本成形技法。揉是将下好的面剂用双手互相配合，搓揉成圆形或半圆形的团子。一般用于制作高桩馒头、圆面包、象形寿桃等。揉的方法有双手揉和单手揉两种，形状一般有蛋形、半球形、高桩形等。

实训3.1 双手揉

双手揉又分为揉搓和对揉。

实训3.1.1 揉搓

取一个面剂，左手拇指与食指分开挡住面剂，同时往怀里方向折叠面剂边缘，右手拇指掌根按住面剂向前推揉，然后无名指和小指掌根将面剂往回带，使面剂沿顺时针方向转动，当面剂底部光滑的部分越来越大，揉褶变小时，将面坯翻过来，光面朝上，双手立起来搓动面剂底部，将面剂搓高搓圆，做成一定形态即成。

技术要点

双手配合，右手掌根用力揉搓面剂，使面剂组织变得均匀细腻，并且要使收口尽量小。

标准要求

将面团揉至组织均匀、细腻，表面光滑、底部收口小而平整。

适用条件

此成形技法一般适用于制作手揉馒头、高桩馒头等制品。

实训3.1.2 对揉

将面剂放在两手掌中间对揉，同时使面剂旋转，至面剂表面光滑，形态符合要求即成。

技术要点

掌握好双手对揉的力度，保证所需的形状。

标准要求

将面团揉至组织均匀、细腻，表面光滑。

适用条件

此成形技法一般适用于制作圆面包或象形类点心，如象形寿桃等制品。

任务准备

面团：水调面团500g。

设备工具：案板。

实训演示

请扫二维码观看视频

实训3.2 单手揉

双手各取一个剂子，握在手心里，放在案板上，用拇指掌根按住向前推揉，其余四指将面剂拢起，然后再推出，再拢起，使面剂在手中向外转动，即右手为顺时针转动，左手为逆时针转动，双手在案板上呈"八"字形，往返移动，使面剂揉褶（收口）越来越小，呈圆形时竖起即成馒头生坯。

技术要点

揉制面剂时要达到表面光洁，不能有裂纹和面褶出现；揉面剂时的收口越小越好，并将收口朝下，成为底部。

标准要求

将面团揉至组织均匀、细腻，表面光滑、底部收口小而平整。

适用条件

此成形技法一般适用于制作手揉馒头、圆面包等制品。

任务准备

面团：水调面团300g。

设备工具：案板。

实训演示

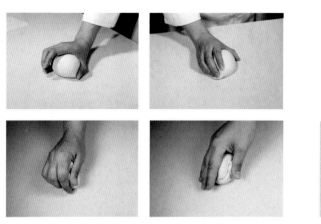

请扫二维码观看视频

 实训4　卷

卷是将擀好的面皮经加馅、抹油或直接根据品种要求，卷合成不同形状的圆柱状，并形成间隔层次的成形方法，然后可改刀制成成品或半成品。这种方法主要用于制作花卷、凉糕、葱油饼、层酥品种和蛋糕卷等。

卷在操作时常与擀、叠等技法连用，还常与切、压、夹等技法配合成形，按制法可分为单卷和双卷两种。

实训4.1　单卷法

单卷法是将擀制好的坯料，经抹油、加馅或直接根据品种要求，从一边卷向另一边成圆筒状的方法。如花卷类，卷好后再切成坯。

技术要点

卷筒前需保证面坯规整、厚度均匀一致，卷筒时要保证筒的两端整齐，卷筒松紧适度；需要抹馅的品种，馅不可抹到边缘，以防卷时馅心挤出。

标准要求

卷成的筒粗细均匀一致，筒的两端整齐。

适用条件

此技法一般适用于制作圆花卷、长花卷、虎头花卷、马蹄花卷等；油酥制品中的很多暗酥品种也采用此技法进行开酥，如糖酥饼、京八件、老婆饼、蛋黄酥等。

任务准备

坯料：水调面团500g，色拉油50g。

设备工具：案板，走槌，羊毛刷，小盆，菜刀。

实训演示

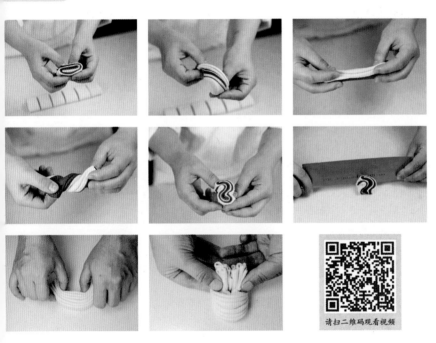

请扫二维码观看视频

实训4.2 双卷法

双卷法又分为同向双卷法和异向双卷法。

实训4.2.1 同向双卷法

同向双卷法是将擀制好的坯皮经抹油或加馅后，从两头向中间对卷，卷到中心两卷靠拢的方法。

技术要点

卷筒前需保证面坯规整、厚度均匀一致，卷筒时要保证筒的两端整齐，卷筒松紧适度；需要抹馅的品种，馅不可抹到边缘，以防卷时馅心挤出。

标准要求

筒要卷紧且两卷粗细均匀一致。

适用条件

此技法一般适用于制作如意花卷、蝴蝶花卷、四喜花卷等；油酥制品中也会用此技法制作蝴蝶酥。

任务准备

坯料：水调面团500g，色拉油50g，小葱花、火腿丁各少许。
设备工具：案板，走槌，羊毛刷，小盆，菜刀。

实训演示

请扫二维码观看视频

实训4.2.2　异向双卷法

异向双卷法是将擀制好的坯料一半经抹油或加馅后，从这头卷到中间，翻身再给另一半抹油或加馅后，再卷到中间，成为一正一反双卷筒的方法。

技术要点

卷筒前需保证面坯规整、厚度均匀一致，卷筒时要保证筒的两端整齐，卷筒松紧适度；需要抹馅的品种，馅不可抹到边缘，以防卷时馅心挤出。

标准要求

卷成的筒粗细均匀一致，筒的两端整齐。

适用条件

此技法一般适用于制作菊花卷等。

任务准备

坯料：水调面团500g，色拉油50g。

设备工具：案板，走槌，羊毛刷，小盆，菜刀。

实训演示

请扫二维码观看视频

 实训5　叠

叠常与擀相结合，即将擀制后的面皮按需要折叠成一定形状半成品或成品的技法，常与折连用。其最后成形还需要与擀、卷、切、剪、钳、捏等技法结合。在坯皮制作中常常用到此技法。

技术要点

边擀边叠，要求每一次都必须擀得薄厚均匀，否则成品的层次将出现薄厚不匀的现象；有些皮面在叠前需要抹油，起到分隔层次的作用，油脂要抹均匀、适量，不可过多。

标准要求

叠制层次、厚度均匀一致，整体要规整、美观。

适用条件

此成形技法一般适用于制作酥皮、花卷、千层糕等制品。

任务准备

坯料：水油皮面团500g，干油酥面团300g，水调面团500g。
设备工具：案板，走槌，刮刀，菜刀。

实训演示

请扫二维码观看视频

实训6 按

按又称压，用手将坯料按压成形的方法。用手按速度快，力度容易控制，不易挤出馅心，也常作辅助手段使用，配合包、印模等成形技法。

按可分为手掌按和手指按两种。手掌按是用掌根按面坯；手指按则是用食指、中指和无名指三指并排，均匀揿压面坯。

技术要点

按压时用力要适当，并转动面坯按压，才能保证平、圆、正。

标准要求

按后的皮面平整、厚度均匀、大小适中、不露馅。

适用条件

此成形技法一般适用于制作个体较小的包馅面点，如馅饼、酥饼等。

任务准备

　　面团：水调面团500g，肉馅100g，糖馅100g。
　　设备工具：案板，盆，扁匙，小勺。

实训演示

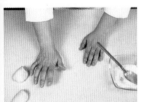

请扫二维码观看视频

 实训7　拧

　　拧是将面剂翻转或扭成一定形态的技法，常与搓、切等手法结合连用。

　　麻花的成形技法：取一个面剂，将其搓成均匀的长条，搓上劲，将两端对折后使其自然拧在一起，然后双手边均匀用力将面剂抻长，边不断顺着已有的麻花劲继续搓拧，待抻至足够长度和上足劲后，右手提面的一头快速逆时针方向在案板上转一圈，左手提面的另一头快速将整个剂条三等分，双手持两头抻直，并将两个剂头分两个方向顶在剂条的两端、抻直，左手不动松开右手，顺势将其拧成绳状的麻花劲。

技术要点

　　搓条粗细要均匀一致，双手轻握面剂的两头，搓条上劲用力要适当，动作要迅速、长度适中。

标准要求

　　搓条均匀够长度、上劲足，拧的麻花劲粗细均匀、劲足、美观、不松散。

适用条件

此成形技法一般适用于制作麻花、麻花酥卷等。

任务准备

面团：水调面团500g。
设备工具：案板。

实训演示

请扫二维码观看视频

 实训8　抻

抻的成形技法一般用于抻面，是我国面点制作中的一项独有的技术，为北方面条制作之一绝。抻是将调制成的柔软面团，经双手反复抖动、抻拉、扣合，最后折合抻拉成粗细不同的面条的方法。抻出的面条，煮制吃口筋道、柔润滑爽；炸制香脆。

抻的用途很广，不仅制作一般的抻面、龙须面要用此技法，制作金丝卷、银丝卷、一窝丝酥、盘丝饼、猴头酥等都需要先将面团抻成条或丝后再制作成形。抻出的面条形状可为扁条、棱角条、圆条（包括空心条）等，按粗细可分为：粗条、中细条、细条、特细条（龙须面）等。

操作时，其步骤主要有三：和面、溜条、出条。

一般抻面的粗细由扣数多少确定，扣数越多，条越细。若面条根数以Z表示，扣数以n表示，则$Z=2^n$。一般的抻面煮制吃为7扣左右，龙须面的扣数则需12扣以上，一般不超过14扣。

技术要点

双臂均匀用力，双手配合，将面条反复抻拉至需要的细度。

标准要求

抻出的面条粗细均匀、无断条、无并条。

适用条件

此成形技法一般适用于制作打卤面、金丝饼、猴头酥、银丝卷等。

任务准备

面团：水调面团1000g。
设备工具：案板，刮板。

实训演示

请扫二维码观看视频

🔗 知识链接：中华绝技之一：抻面

抻面是中式面点的传统绝活之一，技术难度较大，传说技艺源自山东福山，主要原料是面粉，加入少许盐，因季节、气候和地理条件不同分别采用不同水量与水温，调制成较软的面团，经过溜条和抻条两大步骤将其反复抻拉至细如发丝的面条，整个制作过程难度很大，需要操作者具备一定的技术功底才能实现。

抻面的制作原理是：经过面团的松弛和反复溜条、抻条等步骤，使面筋结构由不规则排列，变成为顺向排列，使面团柔软、筋顺，可抻长而不断。其主要工序是：和面、醒面、溜条、出条。许多面点品种都是利用抻面技法加工制成的，如扁条面、三棱面、空心面、酿馅面、金丝卷、银丝卷、龙须卷、龙须面、猴头酥、金丝饼等。其中以龙须面最为著名，一块面团，经过反复的抻条，最终会变成细如发丝的面条，尤其在最后，抻面师傅一般会将面的一端放得较低，另一端举过头顶，不停抖动，面条就如瀑布般，呈现在食客面前，整个过程犹如银蛇狂舞，令人拍案叫绝。

如今的面点大师已经将抻面技法搬上舞台，成为中华面食绝技的表演项目，具有很好的观赏性。

项目二　借助简单工具成形技法

　　根据产品特点的需要，有些面点制品的成形是不能完全徒手制作成形的，因此需要借助简单的成形工器具将面坯整理成所需要的形状，使产品的形状更加美观、规整、完美。通常用工具成形的技法主要有：擀、摊、切、削、拨等。

项目实训任务

项目任务	实训任务目录	实训任务内容
任务　掌握借助简单工具成形技法	实训 1	擀
	实训 2	摊
	实训 3	切
	实训 4	削
	实训 5	拨

任务　掌握借助简单工具成形技法

 ### 实训1　擀

　　擀是运用橄榄杖、面杖、通心槌等工具将面坯制成不同形态面皮的一种技法。它是面点制作的代表性技术，具有坯皮成形与品种成形双重作用。擀制方法多种多样，如层酥、饺子皮、烧卖皮、包子皮等擀法均不同，也有直接用于成品或半成品的，如筋饼、单饼、鸭饼的擀制成形，几乎所有的饼类制品都要用擀法成形。有些制品在擀制时还需要与叠、切、包、捏、卷等技法连用，可使品种变化无穷，如花卷、千层油糕、面条等。

　　本实训任务主要完成单饼的擀制成形：双手用力按住面杖，面杖向前平推时一只手向前用力推，待面杖往回平拉时，就是另一只手用力回拉，如此前后按压推拉面杖，使面剂在案台上旋转，以保证饼的厚度均匀、圆而平整，待饼变大旋转不动时，便将饼卷在面杖上面轻轻用力擀制，用此方法将饼反复旋转擀制，将其擀圆、擀薄即可。

技术要点

擀饼时要保证面杖平推平拉回，要靠双手推拉面杖用力不同使饼旋转，卷擀时用力不可过大，避免饼的表面出现折痕。

标准要求

单饼生坯圆而平整、表面无折痕、薄可读报。

适用条件

此成形技法一般适用于制作单饼、筋饼等。

任务准备

面团：水调面团200g。

设备工具：案板，单饼杖。

实训演示

请扫二维码观看视频

> ### 📎 知识链接：三杖饼
>
> 　　三杖饼，又名单饼、三杖单饼、筋饼、纸饼，是吉林菜点中的代表面食，也是中国传统的面食，因成形时用面杖擀三杖即成，因此而得名。三杖饼以口感柔韧筋道、薄如纸而不破著称，其制作有一定难度，饼的直径大的可达到50cm，厚度薄至0.3mm，多用来卷食各种菜肴，也可直接食用。

摊

摊是将稀软面团或糊浆入锅或铁板上制成饼或皮的方法。这种成形法具有两个特点：一个是熟成形，即借助于平底锅或铁板、竹蜻蜓等，边成熟边成形，如制作煎饼等；另一个是使用稀软面团或糊浆来制作半成品，如制作春卷皮、锅饼皮或制作西点中的班戟皮、可丽饼皮等。

按照摊制方法的不同，可分为：旋摊、刮摊和手摊。

实训2.1　旋摊

旋摊，即将糊浆倒入有一定温度的锅内，将锅略倾斜旋转，使糊浆流动，受热形成圆皮的方法。

技术要点

倒入锅中的糊浆的量要控制好，旋转锅要动作迅速、用力均匀。

标准要求

饼圆而规整、厚度均匀一致。

适用条件

此成形技法一般适用于制作锅饼、鸡蛋饼还有西点中的班戟皮、可丽饼等。

任务准备

面团：面糊浆200g。

设备工具：平底锅，炉灶，手勺，锅铲，盘子。

请扫二维码观看视频

实训演示

实训2.2　刮摊

刮摊，即将糊浆倒入烧热的平底锅或铁板上，迅速用竹蜻蜓（刮子）将其刮薄、刮匀、刮圆的方法，如煎饼、三鲜豆皮等的摊制方法。

技术要点

倒入锅中的糊浆要迅速用竹蜻蜓刮匀，才能保证饼的厚度均匀。

标准要求

饼厚度均匀一致，外形规整。

适用条件

此成形技法一般适用于制作煎饼、三鲜豆皮等。

任务准备

面团：面糊浆200g。

设备工具：平底锅，竹蜻蜓，炉灶，手勺，锅铲，盘子。

实训演示

请扫二维码观看视频

实训2.3　手摊

手摊，即手抓稀软面团在烧热的铁板或者平底锅上，摊转成圆形薄皮的方法。

技术要点

摊之前要往锅或铁板上抹少许油，不可过多，方便揭下饼皮；动作迅速、用力均匀。

标准要求

饼厚薄、大小一致，不能粘锅和出现沙眼、破洞等；掌握好锅的温度，若温度低则不易结皮，温度高则皮厚易粘底。

适用条件

此成形技法一般适用于制作春卷皮等。

任务准备

面团：稀软面团200g。

设备工具：平底锅，炉灶，浸有油脂的毛巾，锅铲。

请扫二维码观看视频

实训演示

 实训3 **切**

切是以刀为主要工具，将加工成一定形状的面坯分割而成形的一种方法。常与擀、压、卷、揉（搓）、叠等成形方法连用。切法当中最有特色的是切面，分为手工切面和机器切面两种。机器切面分为和面、压皮、刀切三道生产工序，一般批量生产，劳动强度小，产量高，能保持一定质量，已在饮食业中普遍使用。手工切面具有一定的特点，特别是河南和陕西的大刀面、安徽的小刀面以及相对精致的面条，如开封的伊府面、苏州的过桥面、河南"焙面"等还是使用手工切法。

切面工艺主要分为三个步骤：和面、擀片、刀切。和面时通常每500g面粉加水200g左右，可适量加盐和碱，某些面团中会加鸡蛋；某些面条还是全蛋和面而不加水调制。面团松弛一定时间后用大面杖将其擀制成大面片，将面片撒上干粉，按下宽上窄一反一正折叠起来，左手按在折叠好的面片上，顶着刀面，右手持刀，快刀直切，一刀刀连续有节奏地切成宽窄适合需要的面条，不能出现连刀或斜刀现象。切后撒上干粉，用双手将其抖散，晾在案板上即成。

技术要点

刀切面的面团要硬，擀片时用力要均匀，保证面片的厚度均匀，刀切时下刀要稳，切条要均匀。糕制品切块，可切成大小相同的形状，切时需落刀准，下刀快，保证成品整齐完整。

标准要求

面条粗细均匀，不能有连刀和斜刀现象，面条干爽整齐。

适用条件

此成形技法主要用于面条、刀切馒头、花卷（如四喜卷、菊花卷、蝴蝶卷）等，以及成熟后改刀成形的糕类制品，如三色蛋糕、千层油糕、枣泥拉糕、蜂巢糕、驴打滚等的成形。此技法也是下剂的手法之一，如油条、麻花等的下剂。

任务准备

面团：水调面团500g。

设备工具：案板，面杖，菜刀。

实训演示

请扫二维码观看视频

实训4　削

削是用刀直接一刀挨一刀地削面团而成长条形面条的技法。用刀削出的面条称刀削面，这是北方的一种独特技法，山西的刀削面最为著名。煮熟的刀削面口感筋道、劲足、爽滑。如今的刀削面分为机器削和手工削两种。

手工刀削面的具体方法是：调制稍硬的面团，通常每500g面粉掺冷水175～200g为宜，冬增夏减，松弛1h，再反复揉成长方形面块，然后将面团放在左手掌心，托在胸前，对准煮锅，右手持削面刀（一般用钢片制成，呈瓦片形），从上往下，一刀挨一刀地向前推削，削成宽厚相等的三棱形面条。面条入沸水锅中煮熟透捞出，再加入调味料即可食用。

技术要点

刀削面的面团要硬；刀口与面团持平，削出返回时不能抬得过高；后一刀要在前一刀的刀口上端削出，即削在前一刀的刀口上，逐刀上削。

标准要求

削成的面条呈三棱形，宽厚一致，以长一点为好。

适用条件

此成形技法常用于制作刀削面。

任务准备

面团：水调面团500g。
设备工具：案板，削面刀，煮锅。

实训演示

请扫二维码观看视频

 实训5　**拨**

拨是用筷子将稀软面团拨出两头尖中间粗的条的方法。拨出后一般直接下锅煮熟，这是一种需借助加热成熟才能最后成形的特殊技法。因拨出的面条圆肚两头尖，入锅似小鱼入水，故称为拨鱼面，又称剔尖，是一种别具特色的面条。

制作时，面要和得软，通常500g面粉掺水300g，然后再蘸水掇匀，至面光后用净布盖上醒面1h。醒好后放入凹形盘中，沾水拍光，把盘稍顷斜对准沸水煮锅，用一头削成三棱尖形的一根筷子顺着盘边由上而下拨下快要流出的面，使之成为两头尖、10cm长、鱼肚形条，拨到锅内煮熟后，捞出加上调料即成。也可煮熟后炒着吃。

捚、切、削、拨统称为我国四大制作面食的技术。

技术要点

掌握好面团的稀软程度，拨面动作要稳中求快，以保证面条规整一致。

标准要求

面条长为10cm、两头尖呈鱼肚形。

适用条件

此成形技法常用于制作拨鱼面。

任务准备

面团：稀软面团200g。

设备工具：案板，筷子，煮锅。

实训演示

请扫二维码观看视频

模具成形技法

这一类成形技法主要利用各种模具成形，用于包类、糕类、元宵等制品的成形，以及装饰成形，用于枣糕、百果年糕、夹沙糕、八宝饭等制品的成形。常用的模具成形技法有：钳花、模具、滚粘、剪、夹、挤注等。

项目实训任务

项目任务	实训任务目录	实训任务内容
任务　掌握模具成形技法	实训 1	钳花
	实训 2	模具
	实训 3	滚粘
	实训 4	剪
	实训 5	夹
	实训 6	挤注

任务　掌握模具成形技法

实训1　钳花

钳花是运用小工具整理成品或半成品的方法，依靠钳花工具形状的变化，使制品形成多种形态。此技法常与包等技法配合使用，使制品更加美观，使用的工具一般为花钳，有锯齿形、锯齿弧形、直边弧形等。通过花钳的钳使成品或半成品表面形成美观的花纹，从广义上讲，这些小工具成形也属模具成形；而从操作技术上讲，又属于夹制成形的范畴。

技术要点

钳花时，根据不同产品外形的特点要求要适当用力钳制花纹，以保证其美观形象。

标准要求

钳出的花纹清晰美观、均匀规整，象形逼真，成熟后不变形。

适用条件

此成形技法一般适用于制作钳花包、船点花、核桃酥、花生酥等象形类的点心。

任务准备

坯料：水调面团200g，混酥面团200g，豆沙馅适量。
设备工具：案板，花钳。

实训演示

请扫二维码观看视频

实训2 模具

模具是将生熟坯料注入、筛入或按入各种模具中，利用模具而成形的一种方法。其优点是使用方便，规格一致，能保证成品形态质量，便于批量生产。常用的模具花纹图案有鸡心、桃形、梅花、蝴蝶等各种花、鸟、鱼、虫等形态，还有各种字形图案，如福、禄、寿、喜等，各种纹饰的花卉图案也多种多样。

（一）模具的种类

由于各个品种的成形要求不同，成形模具的种类大致可分为四类：印模、套模、盒模、内模等。

实训2.1　印模

印模是将成品的形态刻在木板上，然后将坯料放入印板模内，使之形成图形一致的成品。这种印模的形状很多，印板图案非常丰富，如月饼模、松糕模等各种糕模。成形时一般常与包连用，并配合按的手法。

技术要点

根据不同制品的特点，按入模具中的坯料的紧实程度要掌握好，以保证其成品的美观度和口感。

标准要求

制品花纹清晰美观、均匀规整，象形逼真，成熟后或拿起装盘不变形。

适用条件

此成形技法一般适用于制作月饼、各类松糕、苏式方糕等点心。

任务准备

坯料：月饼皮面200g，松糕面团200g，豆沙馅适量。
设备工具：案板，月饼模具，方糕模具。

实训演示

请扫二维码观看视频

实训2.2　套模

它是用铜质、铝质或不锈钢皮制成各种平面图形的套筒，成形时用套筒将经擀成平整坯皮的坯料，一一套刻出来，形成规格一致、形态相同的半成品，如各种花形饼干等。成形时常与擀连用。

技术要点

擀制的皮面要保证厚度均匀一致，用套模套刻出来的生坯厚度才均匀，按压模具时要用力均匀，使边缘规整。

标准要求

套刻出的生坯边缘规整、厚度均匀、大小一致、外形干净美观。

适用条件

此成形技法一般适用于制作各种花形的饼干等点心。

任务准备

坯料：油酥面团300g。

设备工具：案板，套模。

实训演示

请扫二维码观看视频

实训2.3　盒模

盒模是用铁质、铝质或铜质材料经压制而成的凹形模具或其他容器形状，规格、花色很多，主要有长方形、圆形、梅花形、菊花形等。成形时将成品或坯料放入模具中，熟制后便可形成规格一致、形态美观的成品。常与套模配套使用。也有同挤注连用的，品种有花盏蛋糕、方面包等。

技术要点

装入盒模中的生坯要掌握好数量，避免装入数量过多或过少，在成熟过程中过度胀发或胀发不够影响产品的外观；某些盒模在用之前需要提前做脱模防粘处理。

标准要求

装入盒模中的生坯要规整，必要时可以轻轻磕动盒模，以保证其中的生坯规整，保证成熟后的美观度。

适用条件

此成形技法一般适用于制作花盏蛋糕、手撕面包、吐司面包等制品。

任务准备

坯料：蛋糕糊300g，吐司面团600g。
设备工具：案板，挤袋，盒模，面杖。

实训演示

请扫二维码观看视频

实训2.4　内模

内模是指为了支撑成品或半成品外形的模具，其规格和式样可随意创造。例如，冰淇淋筒内模等，冰淇淋筒内模可自制成不同的形状。

技术要点

冰淇淋筒内模可根据成品装饰需要自制，然后按需求将冰淇淋加入再进行装饰。

标准要求

内模可作为容器来盛装成品，盛装成品后要干净、装饰要简洁、美观。

适用条件

此成形技法一般适用于制作不同形状的冰淇淋筒内模。

任务准备

坯料：蛋卷皮面原料200g，冰淇淋、装饰原料各适量。

设备工具：饼铛，面杖，筷子，手勺，碗，冰淇淋勺。

实训演示

请扫二维码观看视频

（二）模具成形的方法

根据成形时机的不同，模具成形大体可分为三类：生成形、加热成形和熟成形。

1. 生成形

将半成品放入模具内成形后取出，再经过熟制而成，如月饼就是在下剂制皮、上馅、捏圆后，压入模具内成形后磕出，烤熟或蒸熟。

2. 加热成形

将调好的原料装入模具内，经熟制后取出，如花盏蛋糕、吐司面包，就是将调制好的蛋泡面糊倒入模具内（八成满），或将调好的面团放入吐司模具内，蒸熟或烤熟后从模具内取出即成。

3. 熟成形

将粉料或糕面先加工成熟，再放入模具中压印成形，取出后直接食用。如绿豆糕，就是将绿豆烤熟磨成粉，用白糖、麻油、熟面粉拌擦成团，再放入模具压印成形，直接摆盘食用。

模具在使用时，需要注意以下几点：

（1）要注意卫生，使用前后都要清洗干净；

（2）为防止产品粘模，不易脱模，可采取抹油、拍粉、衬油纸或加热等方法。

 实训3　滚粘

滚粘是将馅心加工成球形或小方块后通过着水增加黏性，在粉料中滚动，使表面粘上多层粉料而成形的方法。北方的摇元宵、江苏盐城的藕粉圆子即是这种成形方法。以北方的摇元宵为例，先把馅料切成小方块，洒上些水润湿，放入装有糯米粉的容器中，用双手抓住容器均匀摇晃，馅心在干粉中滚动粘上了一层干粉。然后拣出，再洒些水，入粉中继续滚动，又粘上一层，如此反复多次（一般要七次）滚粘成圆形元宵。过去都是人工手摇元宵，劳动强度大，现在普遍改用机器摇元宵，产量高，质量好。

技术要点

元宵的馅心必须干韧有黏性，分成相同的大小，并搓成圆球，洒水要均匀，才能粘住干粉，滚粘后规格一致。

标准要求

滚粘后的制品紧实、规整、大小均匀。

适用条件

滚粘法现在也普遍用于粘芝麻、粘椰丝等的操作，如制作麻团、椰丝团、开口笑等点心。

任务准备

坯料：黑芝麻元宵馅100g，水磨糯米粉500g，冷水适量。

设备工具：案板，大盆，漏勺，盘子。

实训演示

请扫二维码观看视频

> ### ✎ 知识链接：话元宵、说习俗、诵经典
>
> "东风夜放花千树，更吹落，星如雨。宝马雕车香满路，凤箫声动，玉壶光转，一夜鱼龙舞。"——辛弃疾词如画：五光十色的灯彩缀满天街，似春风吹得梨花开；流动的烟火星雨般飘落；宝马雕车，挤挤挨挨；盛装女子，说说笑笑；鱼龙社火上演整整一夜……这就是元宵节，新一年的第一个月圆之夜。
>
> 元宵节，又称上元节、元夕、灯夕、正月十五，既是一个独立的节日，也是中国年的组成部分。如果说过年是一场精彩不断、高潮迭起的大型歌舞演唱会，那么元宵节就是它的压轴节目，有着观灯彩、猜灯谜、放烟花、闹社火、吃元宵、走百病、拜紫姑、碾蝗虫、祭蚕神、听香、送灯、偷菜等一系列丰富多彩的习俗活动。

实训4 剪

剪是用剪刀对成品或半成品进行加工而使之成形或便于成形的一种技法。它常配合包、捏等成形方法，使制品更加形象、生动，如花色酥点中的海棠酥，花式包中的菊花包等，都要用到剪的成形技术，剪既可以在包馅以后的半成品上进行，如海棠酥等，也可以在成熟后剪出形状，如菊花包等。

技术要点

此技法要求剪刀要锋利、尖头，操作时应熟练使用剪刀，做到下刀深浅得当，以防有馅品种馅心外露而影响形态美观；要求剪得粗细一致，与整体形态协调、匀称。

标准要求

剪口要干净利落，根据产品特点剪出的形状要美观、形象。

适用条件

利用剪的技法可制作象形刺猬包、菊花包、海棠酥、三角酥等点心。

任务准备

坯料：水调面团100g，酥皮200g，豆沙馅100g，黑芝麻少许。
设备工具：案板，剪刀，面杖，筷子。

实训演示

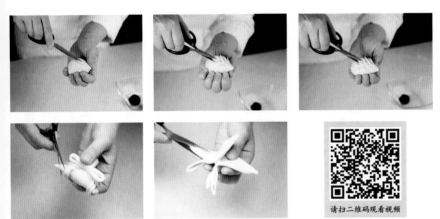

请扫二维码观看视频

 夹

夹是借助工具，如筷子、花钳或花夹等，将面坯夹制出一定形状的方法。如蝴蝶花卷、菊花卷、船点、花式包等。通过夹制成形，使面点象形且形态美观。夹的成形方法主要有两种：一种是用筷子等工具将已初步形成的坯料夹合粘牢成一定形状，如炸菊花等即属这一类成形方法；第二种是在初步成形的生坯表面夹捏出一定的花纹，使之具有一定的形态，如夹花包、象形荷花（船点）等，使用工具有花钳、花夹等，从表现形式上看，第二种方法也属钳花成形技法。

技术要点

用筷子夹用力要适当、稳。

标准要求

用筷子夹制的产品形态要美观、粘合要适度。

适用条件

利用夹的技法可制作象形菊花卷、蝴蝶花卷等。

任务准备

坯料：水调面团100g，色拉油少许。

设备工具：案板，筷子，面杖，羊毛刷，刀。

实训演示

请扫二维码观看视频

实训6　挤注

挤注是将装有坯料的挤袋，通过手指的挤压，使坯料均匀地从袋嘴流出，直接挤入烤盘形成品种形态的一种方法，如制作泡芙、手指饼干、曲奇饼干等。根据品种的不同要求，更换袋嘴上的挤注器（花嘴），通过挤、拉、带、收等手法，形成各种不同形状的成品或半成品。

技术要点

要求悬肘挤注、用力得当、出料均匀、规格一致。

标准要求

根据产品要求均匀挤注产品、保证产品规格一致。

适用条件

利用挤注的技法可制作曲奇饼干、手指饼干、泡芙、长白糕等点心。

任务准备

坏料：曲奇饼干面团200g。

设备工具：案板，烤盘，挤袋，花嘴，刮刀。

实训演示

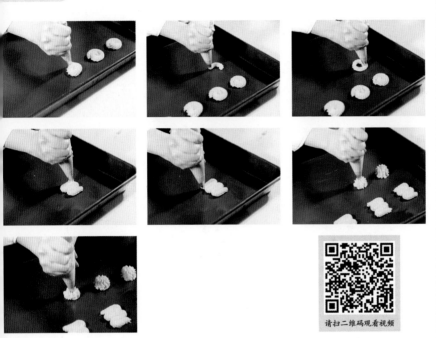

请扫二维码观看视频

项目四 装饰成形技法

这一类成形技艺属于装饰成形技艺，用于奶油夹心蛋糕、百果蜜糕、八宝饭等各种制品的成形。常用的装饰成形技法有：镶嵌和裱花、立塑、平绘等。

项目实训任务

项目任务	实训任务目录	实训任务内容
任务 掌握装饰成形技法	实训 1	镶嵌
	实训 2	裱花
	实训 3	立塑
	实训 4	平绘

任务 掌握装饰成形技法

 ### 镶嵌

通过在坯料表面镶装或内部填夹其他原料而达到美化成品、增加口味的一种方法。镶嵌时，需利用食用性原料本身的色泽和美味，经过合理的组合和搭配，镶嵌在制品表面以美化制品，增加口味和营养的作用。操作时要根据制品的要求和各种配料的色泽、形状及食用者的要求而掌握。在制作时，镶嵌通常分为以下五种：

实训1.1　直接镶嵌

直接镶嵌，即将镶嵌配料在生坯上或糕坯成熟前镶嵌上红枣、青红丝、芝麻、果脯等。

技术要点

要求镶嵌配料适量、均匀分布。

标准要求

镶嵌配料可起到调节风味、装饰美化的作用，不可影响制品整体形态和特点。

适用条件

利用直接镶嵌的方法可制作红枣发糕、蜂糖糕等。

任务准备

坯料：发糕面团200g，红枣适量。

设备工具：案板，不锈钢托盘，羊毛刷，平杖，硅胶垫。

请扫二维码观看视频

实训演示

实训1.2　间接镶嵌

间接镶嵌，即把各种镶嵌配料和粉料拌和在一起成形，成熟后表面露出镶嵌的原料，要求配料分布均匀。

技术要点

要将镶嵌配料与主料拌和均匀。

标准要求

镶嵌的配料不能影响产品的整体形态，要起到画龙点睛的作用。

适用条件

利用此技法可制作赤豆糕、百果年糕、五仁玫瑰糕、马蹄红豆糕等。

任务准备

　　坯料：制作马蹄红豆糕原料。

　　设备工具：蒸柜，案板，不锈钢托盘，手勺，刀。

实训演示

请扫二维码观看视频

实训1.3　镶嵌料夹在坯料中

　　将镶嵌配料和主料分别调制好后，然后一层主料、一层配料分层铺放，有的需要铺放一层主料后先成熟，然后再放配料，再成熟，如此反复；也有的是主料和配料都铺好后一次成熟。

技术要点

　　镶嵌配料分层夹在主料中，要求夹层厚薄均匀，夹馅不宜太厚，防止与糕坯分离。

标准要求

　　主料和镶嵌料既要分层清晰、干净利落，又要紧密结合，层次均匀。

适用条件

　　利用此技法可制作夹沙糕、三色糕、椰汁马蹄桂花糕等点心。

任务准备

　　坯料：椰汁马蹄桂花糕配料。

　　设备工具：案板，不锈钢托盘，刮刀，刀。

实训演示

请扫二维码观看视频

实训1.4　借助器皿镶嵌

先把需要镶嵌的配料（如果仁、蜜饯等）铺放在碗底，摆成各式图案，再加入糯米、馅心等装满整碗铺平后蒸熟，然后取出倒扣于盘内，表面即呈现出装饰的图案，要求镶嵌的配料色彩搭配要和谐美观。

技术要点

为了方便扣出成品而不影响其整体的美观度，需要在摆放配料前先在碗内均匀涂抹一层固态油脂，然后均匀摆放配料，注意色彩的搭配。

标准要求

镶嵌配料色彩搭配美观、规整，脱模后不影响成品的外观。

适用条件

利用此技法可制作八宝饭、山药糕、喇嘛糕等。

任务准备

坯料：八宝饭主料及配料适量，豆沙馅50g，乳化油少许。

设备工具：案板，碗，筷子，盘子。

请扫二维码观看视频

学习笔记

实训演示

实训1.5 将配料镶嵌在已有的孔洞中

坯料本身具有孔洞，如莲藕，其本身就带有孔洞，将调拌好的糯米填入藕孔中再成熟，然后凉凉，再切片即为红藕嵌白米。

技术要点

酿入配料要适量，保证其美观程度。

标准要求

镶嵌入的配料要饱满、刀切不变形。

适用条件

利用此技法可制作糯米甜藕等点心。

任务准备

坯料：鲜藕，糯米，糖各适量。
设备工具：蒸柜，案板，刀，筷子，小勺，盘子。

实训演示

请扫二维码观看视频

除此之外，还有用芝麻、樱桃、椰丝、面包糠等饰料在制品（如烧饼、南瓜饼等）外面点绘成一定形态的装饰技艺；用染色糖粉、砂糖、碎果仁、碎花果等饰料撒作花心、花蕊（如作荷花酥的花蕊）的装饰技艺；用果仁、蜜饯、水果、蔬菜等饰料拼摆于制品（如绿豆糕

学习笔记

表面的装饰技艺等。

 实训2　裱花

裱花是将装有油膏或糖膏原料的挤注袋，通过手指的挤压，使装饰料均匀地从袋嘴流出，裱制出各种花卉、树木、山水、动物、果品等图案和文字的技法，大多用于西式裱花蛋糕。

其要领是：准备好合适的挤注袋和裱花嘴，通过控制花嘴的角度和高低，以及挤注的速度和轻重来掌握挤出的形态。挤注与裱花的手法相似，均从西点引进，其区别在于用途不同，挤注用于坯料成形，裱花则是多用于装饰，裱花的艺术性要求高于挤注技法。

技术要点

手握挤袋要稳、用力适当，双手协调配合，掌握好花嘴的角度，保证挤出的花形均匀、美观、干净利落。

标准要求

装饰蛋糕花形美观、简洁、干净、形象，有的需要搭配色彩，并与巧克力或水果等搭配，需要颜色搭配合理美观，整体效果和谐、美观。

适用条件

利用此技法可制作各种主题装饰蛋糕。

任务准备

坯料：蛋糕坯1个，裱花奶油适量，食用色素少许。
设备工具：案板，转台，抹刀，挤袋，花嘴。

请扫二维码观看视频

实训演示

实训3　立塑

立塑是用适量的成熟主坯或直接可以食用的原料塑造成立体图案的一种艺术成形技法，是面点成形技法的综合体现。此技法常运用于一些特定的场合，有主要用于欣赏的，体现作者的艺术修养，能表达一定主题的面点立体图案，如用于橱窗展览、食品节的展台，用于大型活动烘托气氛的看盘等；也有观赏与食用兼备的品种，如用作婚嫁喜事、祝寿、宴会等能体现主题、增强情趣意境，同时又要食用的品种，如多层主题翻糖装饰蛋糕等。

立塑所用的主坯可以是米粉主坯，也可以是膨松主坯、水调主坯、油酥主坯、杂粮主坯等，而其中大部分是采用米粉主坯和蛋糕主坯制作。

技术要点

在制作前要求制作者必须认真设计、选料、最大程度地体现主题和制作水平；面点的立塑在制作中，技术难度较大，除了制作者需要有丰富的制作经验外，还需要有一定的美学知识，比如，构图时必须符合图案美的法则：多样与统一、对称与平衡、重复与渐次、对比与调和等，才能使面点的立塑制品图案形态逼真、栩栩如生。

标准要求

要注意食用性和欣赏性的关系，作为食品必须注重食用，要达到色、香、味、形俱佳的效果，既不破坏营养，又合乎食品卫生要求；同时也要有一定的观赏价值，造型精美雅致、体现主题、色泽淡雅，给人以艺术美的享受。

适用条件

利用立塑技法通常可制作具有主题意义的各种类型的、具有观赏性的作品。

任务准备

坯料：砂糖，食用色素少许。

设备工具：案板，煮锅，硅胶垫，糖艺灯，手套，喷枪，糖艺气囊等。

实训演示

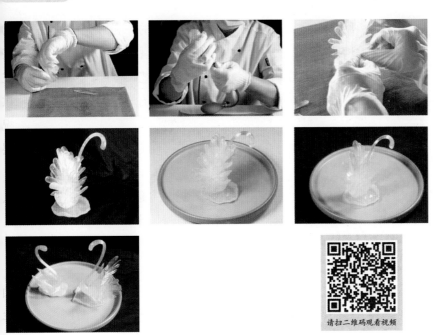

请扫二维码观看视频

 平绘

平绘一般是利用可食的糕体作底坯，在糕坯上塑造出各种花卉、虫草、飞禽走兽、园林山水等平面图案的成形方法。这些制品有的观赏食用兼备，有的是专供欣赏，尤其用于婚嫁喜事、祝寿、宴会等场合，往往能烘托主题，使欢乐的气氛倍增。

技术要点

采用平绘法制作蒸制产品时，若选用天然色素，不可复蒸，否则会引起褪色；若以食用为主，必须注意卫生。

标准要求

色彩搭配美观、和谐，图案形象、逼真。

适用条件

利用此平绘技法可制作主题宴会的点心、蛋糕等。

任务准备

坯料：蛋糕坯1个，裱花奶油适量，食用色素少许。

设备工具：转台，抹刀，小毛笔。

实训演示

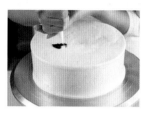

请扫二维码观看视频

模块五

成熟技法实训

知识目标

1. 掌握面点成熟技法的特点和分类
2. 熟练掌握成熟技法所需要达到的标准，并了解其用途

能力目标

1. 通过掌握不同成熟技法的操作要点，培养学生独立操作的能力
2. 具备熟练掌握不同面点产品所需成熟技法的能力

素质目标

1. 培养学生对博大精深的中式面点文化的探索精神
2. 培养学生干净整洁的工作作风及精益求精的工匠精神
3. 培养学生恪尽职守的职业精神

面点的成熟，就是将成形后的面点生坯（或原料），运用各种加热方法，使其在热的作用下发生一系列的变化，成为色、香、味、形、质、养俱佳的、符合质量标准的熟制品的过程。

俗话说"三分做，七分火"，面点的成熟在面点制作的一般流程中，通常是最后一道工序，特别是成熟火候的掌握，直接影响到面点制品的色泽、香氛、滋味、形态、口感、营养等方面，因此，成熟是决定面点质量的关键环节。

面点的成熟方法主要包括单一成熟法和复合成熟法两种。

单一成熟法是指在面点成熟过程中，自始至终只有蒸、煮、炸、煎、烙、烤等其中一种加热方法使制品成熟的方法。

复合成熟法是指需要两种或两种以上的成熟方法使制品成熟，如先蒸后煎、先煎后炸、先蒸后炒、先煮后烩等。它与单一成熟法的不同之处在于：在成熟过程中，往往与烹调方法配伍。

面点品种需要采用哪种成熟方法，需要根据相关面点品种所采用的是哪一种面团、哪一种馅心或成品的要求来灵活运用，使之达到面点制品的品质要求。

在加热成熟过程中，要适应面点的整体性质特点，保持制品形态完整、内外成熟一致，达到制品特色要求，应以操作不太复杂、火力均匀的加热方式为宜，因此，单一成熟法是最为常用的方法。使用复合成熟法，是因某些制品的特殊需求而采用的，采用此方法相对较少。以下主要介绍最为常用的单一成熟方法。

项目一　蒸制成熟

项目导读

蒸制成熟是面点制作中最广泛、最普遍的成熟方法，是把面点制品的生坯摆放在笼屉上，然后放入蒸锅、蒸箱或蒸柜内，利用水蒸气的传导和对流作用，使生坯受热成熟的加热方法，其成品称之为蒸制品或蒸食。

蒸是一种湿度大、温度较高的加热方法，在面点制作中适应范围广，除油酥面团制品外，其他面团品种均可使用，特别适用于膨松面团制品、热水面团制品、澄粉面团制品、米及米粉团制品等的加热成熟，使制品具有"形态完整、原汁原味、皮面滋润、质地松软、馅心鲜嫩"的特点。利用蒸制成熟法可有效减少营养素的损失，是最健康的加热方式之一。

常用的蒸制成熟操作方法为：蒸锅内加水，烧沸，笼屉表面刷油或铺垫具（如屉布、硅胶垫、蒸笼纸、藤条蒸笼垫等），将面点生坯由外向内摆入笼屉中，放入锅内或蒸柜内，盖严盖子或关严蒸柜门，从蒸汽从蒸锅内冒出开始计时，蒸制时间受蒸制设备、生坯个体的大小、生坯的数量、蒸制火候的大小等因素影响适当调整，蒸制成熟后出锅即成。

蒸制成熟的技术关键主要包括以下几个方面：

（1）蒸锅、蒸箱或蒸柜密封性能良好，蒸汽充足。

（2）笼屉上需刷油或加垫具，避免制品粘在笼屉上。

（3）生坯摆放间距要合理。

（4）根据制品要求准确控制蒸制时间。

项目实训任务

项目任务	实训任务目录	实训任务内容
任务 掌握蒸制成熟技术	实训1	蒸制大馒头
	实训2	蒸制提褶包子
	实训3	蒸制饺子

任务 掌握蒸制成熟技术

蒸制大馒头

馒头属于生物膨松面团制品，其制作工艺流程为：

调制膨松面团→揉匀后松弛→揉匀后分剂→手揉成馒头生坯→摆入屉中醒发→蒸制成熟。

成熟前判断馒头醒发程度：若一个大馒头生坯为200g，其在醒发和蒸制过程中都需要胀发，因此摆放生坯需要间隔一定距离；在馒头蒸制成熟前需要判断生坯是否醒发恰到好处：①看生坯外观体积胀大为原体积的一倍左右；②用手拿起生坯掂一下觉得生坯变轻而不缀手；③看生坯的底部出现细密的小蜂窝。需满足以上三个条件方可进行蒸制成熟。利用此醒发判断方法同样也可以来鉴别其他发酵类面团制品。

灵活掌握蒸制成熟时间："蒸食一口气"是烹饪行业中对蒸制产品的要求，即用蒸汽加热，要用大火急气一次蒸好，中途不可打开锅盖或蒸柜门。蒸制时间计时需从生坯已装入锅中，然后加热至从锅中冒出热蒸汽开始。因为大馒头个体比较大，蒸制的时间会长一些，通常蒸制一整屉大馒头利用蒸柜来蒸制需要15~18min；如果利用家用蒸锅来蒸制，其密封性和火力均不如商用的蒸柜，所以蒸制时间通常为20~25min。

技术要点

要准确判断馒头醒发的程度再成熟；若用蒸柜蒸制，则蒸屉尽量不要放在蒸柜的最顶层和最底层，最好放在蒸柜中间的位置；蒸制时间到了需先关火，然后闷制1~2min后再缓慢打开蒸柜门取出馒头，防止热胀冷缩；蒸制过程中不可打开蒸柜门；打开蒸柜门时要注意安全，防止蒸汽烫伤。

标准要求

大馒头表面洁白有光泽、暄软有弹性、组织细腻均匀、口感松软、面香味浓。

任务准备

坯料：馒头面团2000g，色拉油少许。
设备工具：案板，蒸柜，蒸屉，油刷。

请扫二维码观看视频

实训演示

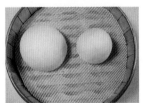

 实训2　蒸制提褶包子

提褶包子属于生物膨松面团制品，其制作工艺流程为：

调制膨松面团→揉匀后松弛→调制馅心→面团揉匀后分剂→擀皮→上馅→成形→摆入屉中醒发→蒸制成熟。

包子在成熟前判断醒发程度同馒头醒发的判断方法；其蒸制时间以每个生坯55～60g、共一整屉、利用蒸柜来蒸制，需要蒸制10～12min。

技术要点

要准确判断包子醒发的程度再成熟；蒸制时间不可过长，否则包子底部易掉。

标准要求

包子表面洁白有光泽、外观捏褶均匀美观、皮面暄软有弹性、馅心鲜嫩。

任务准备

坯料：包子面团500g，包子馅400g。
设备工具：案板，蒸柜，蒸屉，油刷，扁匙。

实训演示

请扫二维码观看视频

 蒸制饺子

蒸饺属于水调面团制品，其制作工艺流程为：

调制温水面团→揉匀后松弛→调制馅心→面团揉匀后分剂→擀皮→上馅→成形→摆入屉中→蒸制成熟。

蒸饺包馅成形后可以直接蒸制成熟，因其皮薄馅大、个体一般在30g左右，所以用蒸柜蒸制成熟时间控制在8～10min即可成熟。

技术要点

蒸饺摆放要有一定距离，否则蒸制成熟后会粘连；蒸制时间不可过长，否则底部容易脱落。

标准要求

蒸饺外形完整、美观、不流汤汁、不掉底、皮口感软韧、馅鲜嫩适口。

任务准备

坯料：蒸饺温水面团100g，肉馅100g。

设备工具：案板，蒸柜，蒸屉，油刷，扁匙。

实训演示

请扫二维码观看视频

项目二　煮制成熟

项目导读

　　煮，是把已经成形的面点生坯投入沸水锅中，利用水受热后产生的传导和对流作用使制品成熟的一种加热方法，其成熟原理与蒸制成熟相同。煮制法在面点制作中应用范围较广，特别是水调面团制品和米团及米粉团制品。

　　煮制成熟常用的操作方法为：锅内加水大火烧沸，用手勺顺同一方向推动水面使之旋转，然后依次投入适量面点生坯，并随之顺同一方向搅动，避免生坯粘锅和相互粘连，然后盖上锅盖，让水快速沸腾。待水沸腾后，转中火分几次添加少量的冷水（即"点水"）继续煮制，直至面点制品成熟后出锅。

　　煮制成熟有三方面的特点：

　　第一，成熟时间长。主要依靠水的传热，而水的沸点在正常气压下仅为100℃，因此煮是各种加热方法中温度最低的，因而加热时间长，成熟速度慢。

　　第二，口感爽滑、体积膨胀。面点生坯直接与大量水分子接触，淀粉颗粒在受热的同时，还充分吸水膨胀。因此，煮制的面点制品成熟后较黏实，体积膨胀，口感爽滑筋道，重量增加。在煮制过程中，需要严格控制煮制时间，避免时间过长使面点制品糊烂。

　　第三，沸水下锅、沸而不腾。生坯煮制前要先把水烧沸再下锅，在煮制过程中，将受水的对流影响，相互碰撞。因此需"点水"保持水面沸而不腾，避免制品破损。

　　煮制成熟的技术关键主要包括以下几个方面：

　　（1）煮锅内水量要充足，需根据品种不同准确把握用水量，行业中称为"水要宽"。

　　（2）灵活运用火力，通常生坯刚下锅时火力要旺，使锅中水尽快沸腾，然后转中火保持火力。

（3）要边下生坯边顺同一方向搅动，生坯完全下入锅中也要顺方向勤搅动，以防止制品粘锅或相互粘连。

（4）水大沸腾时需"点冷水"，要掌握好点水的次数。

（5）锅中水质要保持清洁。

（6）根据制品要求准确把握煮制时间。

（7）捞出煮熟的成品时动作要稳而迅速，不要破坏成品的外观。

项目实训任务：

项目任务	实训任务目录	实训任务内容
任务 掌握煮制成熟技术	实训 1	煮饺子
	实训 2	煮面条
	实训 3	煮八宝粥

任务 掌握煮制成熟技术

实训1 煮饺子

技术要点

饺子有速冻的也有现包现煮的，煮制速冻饺子时要盖上盖子焖煮，时间相对长些，点水的次数也要比鲜饺子多。

标准要求

饺子浮起，饺子皮鼓起、不粘手，馅心有弹性，不破皮、不粘连。

任务准备

坯料：速冻饺子300g，鲜饺子300g。

设备工具：电磁炉，煮锅，漏勺，手勺，盘子。

请扫二维码观看视频

实训演示

实训2　煮面条

技术要点

面条有很多规格：有各种粗细宽窄的挂面、还有各种粗细宽窄的鲜面条，不管哪一种面，煮制时都要用筷子勤搅动，保证面条不粘连。

标准要求

面条浮起、爽滑、有弹性、不粘连、不粘烂、内部无白心。

任务准备

坯料：挂面100g，鲜刀切面200g。
设备工具：电磁炉，煮锅，筷子，手勺，碗。

请扫二维码观看视频

实训演示

 实训3　煮八宝粥

技术要点

八宝粥中的豆类等不易熟烂的原料需要提前浸泡，然后再按顺序先后下锅煮制，控制好每种原料的煮制时间，以便让每一种原料充分吸水胀发、熟而不烂。煮粥时先用大火煮开，然后转为慢火、长时间焖煮至熟而不烂，注意控制温度，避免溢锅。

标准要求

八宝粥汤汁黏而不稠，米粒烂而不散，色泽鲜艳、质软香甜。

任务准备

原料：粳米，黑糯米，绿豆，赤豆，黑豆，红枣，桃仁，花生，莲子，桂圆，枸杞，芡实，薏仁米，冰糖等。

设备工具：煮锅，手勺，碗。

请扫二维码观看视频

实训演示

🔗 知识链接：八宝粥

八宝粥又称腊八粥、佛粥、五味粥，是每年的腊月初八，人们用多种食材熬制的粥。按照我国的传统习俗，很多地方都有吃腊八粥的习惯。中国南宋文人周密在《武林旧事》中说："用胡桃、松子、乳覃、柿、栗之类作粥，谓之腊八粥。"

八宝粥原本是指用八种不同的原料熬制成的粥，但是在今天，许多八宝粥的用料已经超出八种，通常以粳米、糯米或黑糯米为主料，再添加一些辅料，如赤豆、绿豆、扁豆、红枣、松籽仁、桃仁、莲子、花生、桂圆、百合、山药、芡实、枸杞子、薏仁米等慢火熬制成粥，我国不同地区的人们会根据自己的饮食喜欢，来选用不同的原料煮制。但基本上是以下四大类原料：米类、豆类、干果类、中药材。有些地区的人们还会加入板栗、胡萝卜、香肠、咸肉等材料。

八宝粥色泽鲜艳、质软香甜、清香诱人、滑而不腻，可补铁、补血、养气、安神，具有健脾养胃、消滞减肥、益气安神的功效，可作为日常养生健美的食品。

 炸制成熟

项目导读

炸，又称油炸，是将成形的面点生坯投入到已加热到一定温度的油锅内进行成熟的方法。

油脂是一种良好的传热介质，能产生200℃以上的高温，炸是利用油脂的传导和对流来进行热量传递，用这种方法成熟的面点制品色泽美观，口感香、酥、松、脆。炸几乎适用于所有的面团制品，特别是油酥面团制品、米及米粉团制品等，在面点制作工艺中应用广泛。

炸制成熟常用的操作方法为：锅内加油，预热至一定温度，然后投入面点生坯，根据不同制品的要求，选择不同的火力和炸制方法，待其成熟时，出锅沥油即可。

炸制成熟的技术关键主要包括以下几个方面：

（1）火力不宜太旺 油温高低是靠火力大小控制的，火力过旺则不容易控制油温，容易导致炸制品焦煳。

（2）合理选择油温 油温直接影响不同制品的质量，油温低则制品不脆、色泽较浅、耗油量大；油温过高则易出现外部焦煳、内部不熟等现象。

（3）受热要均匀 在生坯放入油锅内，需要进行适当地翻动，避免粘连和受热不均，保证制品成熟一致、色泽一致。

（4）控制炸制时间 需要根据不同制品的色泽和质感特点来适当控制炸制时间。

（5）保持炸油的清洁 不允许使用陈油、不清洁的油脂、反复多次使用的油脂来炸制生坯；要选择干净、色浅、发烟点高、无味的油脂作为炸油，这样才不会影响炸制品的质量和风味。

项目实训任务

项目任务	实训任务目录	实训任务内容
任务 掌握炸制成熟技术	实训1	炸麻团
	实训2	炸油条
	实训3	炸荷花酥

任务 ## 掌握炸制成熟技术

 炸麻团

技术要点

控制好油温为150℃，避免温度过高使表皮先熟变硬而影响胀发；炸制过程中需要用手勺轻轻地挤压生坯，以使生坯内的空气受热均匀，膨胀更大。

标准要求

色泽金黄、圆滚、皮薄酥脆、空心不塌陷。

任务准备

坯料：麻团生坯100g，色拉油1000g。
设备工具：炸锅，漏勺，手勺，盘子。

实训演示

请扫二维码观看视频

 炸油条

技术要点

需先将生坯稍加抻长后再下入油锅炸制，控制油温180℃，炸制时要用长筷子不停翻动生坯，使之受热均匀、快速膨胀、色泽均匀。

标准要求

色泽金黄、体积膨大、中空、酥脆。

任务准备

坯料：油条面团100g，色拉油1000g。

设备工具：炸锅，长筷子，盘子，漏勺。

实训演示

请扫二维码观看视频

 实训3　炸荷花酥

技术要点

油温要稍低，控制在140℃，避免制品上色；炸制时需要把生坯放进漏勺中进行，方便上下提动漏勺，以使制品均匀受热并使荷花酥花瓣打开、层次更加清晰。

标准要求

色泽洁白、形如荷花、层次清晰均匀。

任务准备

坯料：荷花酥生坯，色拉油1000g。

设备工具：炸锅，手勺，盘子，漏勺。

实训演示

请扫二维码观看视频

项目四　煎制成熟

项目导读

　　煎，指将平底锅烧热，加入适量油脂，将成形的生坯摆入，利用油脂、金属锅底或蒸汽的传热方式，使制品成熟的方法。

　　煎是一种用油量较少的熟制方法。用油量的多少，需根据制品的不同要求来定，有的品种需油量较多，但不能超过制品厚度的一半；有的还需再加些水，使之产生水蒸气，盖上盖子连煎带焖使生坯成熟。根据不同品种的特点，煎制成熟可分为油煎法、煎炸法和水油煎法三种。

项目实训任务

项目任务	实训任务目录	实训任务内容
任务 掌握煎制成熟技术	实训 1	油煎法
	实训 2	煎炸法
	实训 3	水油煎法

任务 **掌握煎制成熟技术**

 油煎法

　　油煎法，就是将平底锅烧热后放油，均匀布满锅底，摆入生坯，先煎一面至变色，再翻面煎另一面，煎至两面都呈金黄色、内外四周均熟即成。在煎制过程中，需要根据不同面点制品的特点和要求，选择合适的火候，并不断地转锅或移动面点生坯（行业俗称"找火"），使之受热均匀。

　　油煎法制品从生到熟可以不用盖锅盖，制品紧贴锅底，既受锅底传热，又受油温传热，受火候影响很大。一般以中火、六成油温（180℃

左右）为宜，若制作带馅、较厚的制品则需要油温稍高一些，一般为200℃左右。下面以煎牛肉馅饼为例进行实训。

技术要点

控制好油温为190℃，要不断转动锅的位置或移动生坯的位置，以保证均匀受热；摆放生坯时，要从锅的外侧开始向内侧摆放，因为中间的火力较大，尽量使制品均匀受热。

标准要求

色泽金黄、表皮酥脆、内部软韧、馅心鲜嫩。

任务准备

坯料：牛肉馅饼生坯，色拉油适量。
设备工具：平底锅，锅铲，油刷，盘子。

请扫二维码观看视频

实训演示

实训2　煎炸法

煎炸法与油煎法相似，只是多了一道炸的工序，即平底锅中加入油脂的量有所增加，但通常油量不可超过生坯厚度的一半，行业称这种方法为"半煎半炸法"。下面以煎炸千层香酥牛肉饼为例进行实训。

技术要点

控制好用油量、油温及成熟时间。

标准要求

色泽金黄、外皮香脆、馅心鲜香。

任务准备

坯料：千层香酥牛肉饼生坯，色拉油适量。

设备工具：平底锅，锅铲，盘子。

实训演示

请扫二维码观看视频

实训3　水油煎法

水油煎与油煎有较大的区别，具体操作方法是：平底锅预热后淋入少许油脂，均匀布满整个锅底，将面点生坯由外向内整齐码入锅中，稍煎一会儿，然后一次性加入适量的清水或水油混合物、或粉浆，然后快速盖上锅盖，连煎带焖，使水分蒸发成水蒸气进行传热，焖熟即可。水油煎制品底部焦黄香脆，有油煎的特色，上部色白柔软，馅心鲜嫩多汁，与底部形成鲜明的口感对比。

从做法上看，水油煎和加水烙相似，风味也大致相同。但也有不同之处：水油煎是油煎后洒水焖熟，加水烙是干烙后洒水焖熟。下面以煎制水煎包为例进行实训。

技术要点

油温要稍低，生坯要摆放整齐，保证装盘的美观度；控制好加水的时机和焖制的时间，保证制品的成熟度和色泽。

标准要求

底部金黄酥脆、上部洁白暄软。

任务准备

坯料：水煎包生坯6个，色拉油、清水各适量。
设备工具：平底锅，锅铲，盘子。

实训演示

请扫二维码观看视频

项目导读

烙，是把面点生坯放入平底锅中，通过金属传热的方式使生坯成熟的方法，是一种非常传统而普遍的成熟方法，主要用于各种饼类的成熟。

烙主要是依靠锅底传热，若是加水烙则同时利用锅底和水蒸气联合传热，且温度较高，适用于水调面团制品、发酵面团制品、油酥面团制品、米粉团制品及浆糊类面团制品等的成熟。烙制品大多都具有底部香脆美观（呈金黄色或黄褐色）、内部柔软有弹性的特点。

烙制成熟的方法可分为干烙、刷油烙和加水烙三种。

项目实训任务：

项目任务	实训任务目录	实训任务内容
任务　掌握烙制成熟技术	实训1	干烙法
	实训2	刷油烙法
	实训3	加水烙法

任务　掌握烙制成熟技术

 ### 实训1　干烙法

干烙，就是面点生坯和锅底既不刷油，也不洒水，直接熟制。干烙的操作方法为：将平底锅烧热，然后放入面点生坯，烙完一面，再烙另一面，直至制品成熟为止。

干烙过程中，不同的面点制品要求不同的成熟火力：体薄无馅的饼类（如春饼、春卷皮、煎饼等）要求中火短时间成熟；中等厚度的饼类

（如油饼等）和包馅的饼类（如烧饼、馅饼等）要求小火，时间稍长；较厚的饼类（如发面饼、千层饼等）、油酥面团制品要求微火，时间较长。同时，在烙制时，要不断地转锅或者移动生坯。生坯烙制一定程度，需要翻面，使之受热均匀。下面以烙制单饼为例进行实训。

技术要点

控制好烙制锅温为190℃，单饼因为很薄，且面团是热水面团，所以需要高温短时间烙制成熟，以保证成品的柔软程度；饼锅要时刻保证清洁；翻面时注意不要破坏制品的外观。

标准要求

色泽自然、表面有均匀的小芝麻花点、饼身干净规整、柔软。

任务准备

坯料：单饼生坯。

设备工具：电饼铛，锅铲，盘子。

请扫二维码观看视频

实训演示

实训2　刷油烙法

刷油烙与干烙类似，只是在烙制过程中，或在锅底刷少许油，或在面点生坯表面刷少许油。制品的成熟，仍然主要靠锅底传热，油脂会起到一定的作用。下面以烙制草帽饼为例进行实训。

技术要点

无论是锅底或制品表面，刷油的量一定要少（比油煎要少）；刷油要均匀，并用清洁的熟油。

标准要求

成品色泽金黄、形状规整、外酥脆内柔软。

学习笔记

学习笔记

任务准备

　　坯料：草帽饼生坯1张，色拉油适量。
　　设备工具：电饼铛，锅铲，油刷，盘子。

请扫二维码观看视频

实训演示

实训3　加水烙法

　　加水烙，是利用锅底和水蒸气联合传热熟制的方法，是在干烙之后洒水，加盖焖熟。操作方法是：平底锅加热，放入面点生坯干烙至底部金黄，洒少许水，使之迅速形成水蒸气。如果一次不够，可以分次洒水，然后迅速盖上盖子，焖熟出锅即可。下面以加水烙制锅巴玉米面馒头为例进行实训。

技术要点

　　洒水要洒在锅最热的地方，以便迅速产生蒸汽；温度不要过高，避免底部焦糊；洒水可分次洒，不要一次洒得太多，防止制品烂糊。

标准要求

　　成品底部棕黄香脆，上部色浅柔软。

任务准备

　　坯料：玉米面馒头生坯4个，清水适量。
　　设备工具：电饼铛，锅铲，盘子。

实训演示

请扫二维码观看视频

学习笔记

项目六 烤制成熟

项目导读

　　烤，又称为焙烤、烘烤、烘、炕，是利用烘烤炉内的高温把制品加热熟制的方法。

　　烤有两种常用的方法：一是把面点生坯贴在热炉壁上，如新疆特色面点"馕"；二是把面点生坯放入烤盘再入烤炉。随着烤炉在食品行业的广泛应用，后者越来越常用，本部分也主要以烤炉烤制为例介绍相关知识。

　　烤制时，烘烤炉内的热量是通过传导、对流和辐射三种热量传递形式加热的，而且三种形式同时进行，并以热辐射为主导，其次是传导，对流作用最弱。

　　烤制成熟的主要特点：炉内的温度高，生坯受热均匀，烤制的面点制品色泽鲜明、形态美观，或外酥内软，或内外绵软、富有弹性。烤的适用范围很广，几乎所有面团制品均可使用此成熟方法，特别是各种膨松面团制品和油酥面团制品等。

　　常用的操作方法为：将烤炉预热至一定温度，烤盘擦净或刷油，将面点生坯整齐地摆放在烤盘中，可根据需要在制品表面刷上蛋液、糖浆等着色剂或上光剂，将烤盘送入烤炉，掌握好烤制温度和时间，成熟后出炉。有些个体较大、较厚的生坯需在烤制前或在烤制过程中扎些孔再烤制，以使制品熟透。

　　检验制品是否成熟的方法：①可用手轻按制品表面，若能还原即为成熟；②若是烤制有一定厚度的蛋糕类制品，可用竹扦插入其中心位置，拔出后竹扦干爽即为成熟；③若是烤制酥松类制品，可用手轻触制品表面，若表面干爽不粘手即为成熟。

　　烤制成熟的技术关键主要包括以下几个方面：

　　（1）炉温要适当　烤制成熟的关键在于掌握炉温，由于烤炉的种类较多，各种烤炉的结构也不尽相同，体积、火位不同，炉内不同部位的温度也不相同，特别是不同的品种要用不同的温度。因此，烤炉的温度掌握要比蒸、煮、炸、煎、烙复杂得多。一般来讲，各类品种所需的炉温大致有低温、中温、高温三种。

低温：温度在170℃以下，适宜烘烤白皮酥点等需要保持原色的制品。

中温：温度在170～220℃，适宜烘烤混酥、蛋糕等制品，制品表面色泽通常为金黄色。

高温：温度在220℃以上，适宜烘烤月饼、面包、烧饼等制品，制品表面色泽较重，一般需达到棕黄色或棕红色。

（2）**及时调节炉温**　烤制品是在高温中内外同时成熟的，成品外表要有硬壳，内部要求松软，因此火候的掌握很关键。有些制品需采用"先高后低"的温度调节方法使制品表面达到上色的目的，同时保证内部慢慢成熟。另外还需要注意面火、底火的调整，防止制品底部焦煳或者不熟。

（3）**掌握烤制时间**　炉温的高低与烤制的时间长短既是相辅相成、又是相互制约的，在实际操作中，必须根据面点生坯的大小、厚薄、原料的处理情况及炉温的高低来适当掌握烤制时间。

（4）**摆放生坯要有一定距离，烤制过程中不要常开炉门，不要挪动生坯**　生坯之间要有空隙是为了受热均匀；烤制过程中不要常开炉门，防止炉门位置降温过快使烤炉内部温度不均匀；烤制过程中不要挪动生坯，防止出现制品跑气、塌陷、变形、成熟不一致的现象。

（5）**控制炉内湿度**　在烘烤中还要注意炉内的湿空气和制品本身水分的蒸发在炉内形成的热气流，这种热气流湿度适当时，可使制品上色轻而均匀，有些制品需要增加炉内的湿度，可进行水浴烘烤。

项目实训任务

项目任务	实训任务目录	实训任务内容
任务 掌握烤制成熟技术	实训1	烤蛋糕
	实训2	烤广式月饼
	实训3	烤布丁

任务 **掌握烤制成熟技术**

实训1 烤蛋糕

　　烤制一个8寸的戚风蛋糕：首先将烤炉升温：面火160℃，底火160℃；然后将装有蛋糕糊的模具放在烤盘上送入烤炉，烤制的前30min时间不需要打开烤炉门，以保证烤炉内的温度均匀，之后再适当取出判断蛋糕是否成熟，烤制时间为35~40min：表面呈金黄色，用手轻拍表面无手印，手按表面有沙沙的响声，用细竹扦从蛋糕中心位置垂直插到底，然后拔出来，竹扦干爽没有带出面糊即为成熟。

技术要点

　　蛋糕糊送入烤炉要轻关炉门；不要总是开炉门，防止炉内温度不均匀；掌握好成熟时间。

标准要求

　　表面色泽金黄、蛋糕松软有弹性。

任务准备

　　坯料：戚风蛋糕糊适量。
　　设备工具：烤炉，8寸蛋糕模具，竹扦。

实训演示

请扫二维码观看视频

实训2　烤广式月饼

　　广式月饼的特点是色泽金红、油润，皮薄馅大，花纹美观清晰。烤制广式月饼分为两个阶段：①烤炉预热升温：面火230℃，底火200℃；将月饼生坯均匀摆入烤盘，月饼每个50g，一烤盘为24个，入烤炉前先用喷壶薄薄地在表面喷一层雾状的清水，然后送入烤炉，烤制7~8min月饼定型且表面稍变色后取出冷却；②待月饼冷却至不烫手，在表面均匀刷两遍蛋液，送入烤炉继续烤制7~8min，至月饼表面呈金红色、侧面呈腰鼓状即为成熟。

技术要点

　　入炉前先喷一层雾状的水，烤制第一阶段要掌握好时间，保证定型且刚刚上颜色后取出冷却；烤制第二阶段要准确判断成熟程度，若烤制时间过长则爆裂、发黑；若烤制时间过短则颜色过浅、塌腰、不熟。

标准要求

　　色泽红亮，花纹美观、清晰，侧面不塌陷。

任务准备

　　坯料：月饼生坯24个，蛋液适量。
　　设备工具：烤炉，小喷壶，羊毛刷，小盆。

请扫二维码观看视频

实训演示

 实训3　烤布丁

　　烤布丁需要烤炉内有一定的湿度，因此需要采用水浴法：烤炉预热升温：面火90℃，底火90℃；将布丁液装入布丁杯中八分满，摆入有一定深度的烤盘内，送入烤炉，然后向烤盘内注入清水超过布丁杯高度的1/2，关门烤制30min；然后在布丁杯内表面撒少许白砂糖，将烤炉面火升温至200℃、底火升温至100℃，继续烤制10min，至布丁凝固有弹性、

学习笔记

表面出现焦糖斑点即为成熟。

技术要点

为了安全，将烤盘放入烤炉靠近炉门位置，然后注入清水，再将烤盘推入烤炉中心位置烤制；掌握好布丁成熟程度：若烤制时间过长则布丁过老出现蜂窝状；若烤制时间过短则内部不熟、呈粥样、不滑嫩。

标准要求

轻轻晃动布丁杯嫩滑有弹性、表面有少许焦糖斑点颜色即为成熟。

任务准备

坯料：布丁液适量。

设备工具：烤炉，布丁杯。

实训演示

请扫二维码观看视频

参考文献

［1］钟志惠. 面点工艺学［M］. 成都：四川人民出版社，2002.

［2］钱峰，王支援. 面点原料知识［M］. 北京：中国轻工业出版社，2012.

［3］赵洁. 面点工艺［M］. 北京：机械工业出版社，2011.

［4］张松. 面点工艺［M］. 成都：西南交通大学出版社，2013.

［5］陈迤. 面点制作技术. 中国名点篇［M］. 成都：西南交通大学出版社，2013.

［6］刘居超. 中式面点制作实训教程［M］. 北京：中国轻工业出版社，2016.

［7］杨爱民，范涛，李东文. 中式烹调工艺［M］. 武汉：华中科技大学出版社，2020.